Mohamed Assaad Hamida

Commande robuste sans capteur de la machine synchrone à aimants

Mohamed Assaad Hamida

Commande robuste sans capteur de la machine synchrone à aimants

Commandes et observateurs non linéaires

Presses Académiques Francophones

Impressum / Mentions légales
Bibliografische Information der Deutschen Nationalbibliothek: Die Deutsche Nationalbibliothek verzeichnet diese Publikation in der Deutschen Nationalbibliografie; detaillierte bibliografische Daten sind im Internet über http://dnb.d-nb.de abrufbar.

Information bibliographique publiée par la Deutsche Nationalbibliothek: La Deutsche Nationalbibliothek inscrit cette publication à la Deutsche Nationalbibliografie; des données bibliographiques détaillées sont disponibles sur internet à l'adresse http://dnb.d-nb.de.

Coverbild / Photo de couverture: www.ingimage.com

Verlag / Editeur:
Presses Académiques Francophones
ist ein Imprint der / est une marque déposée de
OmniScriptum GmbH & Co. KG
Heinrich-Böcking-Str. 6-8, 66121 Saarbrücken, Deutschland / Allemagne
Email: info@presses-academiques.com

Herstellung: siehe letzte Seite /
Impression: voir la dernière page
ISBN: 978-3-8381-4317-0

Table des matières

Chapitre 1

Introduction générale

1.1 Introduction

Dans le contexte énergétique actuel, les entraînements électriques sont devenus une des principales méthodes d'obtention de l'énergie mécanique. Par ailleurs, les avancées technologiques des aimants permanents ont permis leur utilisation dans de nombreuses et nouvelles structures d'actionneurs. Ainsi les machines synchrones à aimants permanents (MSAP) grâce à leurs performances élevées, notamment leur efficacité énergétique, leur facilité d'entretien et leur puissance massique élevée sont de plus en plus utilisées dans les servomécanismes et considérées par les spécialistes comme un candidat majeur pour les divers entraînements dans le transport. Cependant, le coût de plus en plus élevé des matériaux rares utilisés pour la fabrication des aimants reste l'inconvénient majeur des machines à aimants.

Les machines synchrones à aimants permanents ne possèdent pas de collecteur mécanique. Le champ magnétique rotorique est généré par les aimants du rotor. La position du champ magnétique rotorique est fixe par rapport au rotor, ce qui impose en fonctionnement normal une vitesse de rotation identique entre le rotor et le champ tournant statorique.

Tous types de commandes en boucle fermée de la machine synchrone nécessitent une connaissance précise de la vitesse de rotation et la position du rotor, cette connaissance peut être obtenue directement par un capteur de position ou indirectement par un capteur logiciel. Les inconvénients inhérents à l'utilisation d'un capteur mécanique placé sur l'arbre de la machine, sont multiples. D'abord, la présence du capteur augmente le volume et le coût global du système. Ensuite, elle nécessite un bout d'arbre disponible, ce qui peut constituer un inconvénient pour des machines de petite taille. Pour ces raisons, des récentes recherches tentent ainsi d'obtenir des performances similaires à la commande avec capteur de vitesse ou de position, mais sur des systèmes sans capteur mécanique. En conservant les capteurs de courants, la commande sans capteur mécanique présente plusieurs avantages en terme de coût du système, de fiabilité et de mise en œuvre. De plus, la commande sans capteur peut être une solution dégradée mais fonctionnelle aux applications avec capteurs où le fonctionnement du capteur logiciel est déclenché en cas de défaillance du capteur physique, cette solution est nécessaire pour les applications dont tout arrêt non programmé est inacceptable. Pour cela la commande sans capteur des machines synchrones est devenue un axe de recherche très important ces dernières années.

Grâce à ces avantages, la commande sans capteur mécanique occupe une part de plus en plus importante dans plusieurs secteur domestiques et industriels. En avionique, le coût, le poids et la fiabilité sont les problèmes introduits par le capteur mécanique utilisé pour le démarrage de la turbine de l'avion [1]. Par conséquent, le groupe THALES a proposé une solution pour le démarrage sans capteur mécanique de la turbine. Récemment, un intérêt considérable est porté à la commande sans capteur mécanique pour les systèmes de propulsion des véhicules électriques. Dans [2] et [3], des machines synchrones à aimants permanents sont utilisées pour la traction des voitures. Dans ces articles, les moteurs sont contrôlés sans capteur mécanique. Dans [4], un système de propulsion sans capteur mécanique est proposé en utilisant des machine synchrone à aimants permanent. Ce système est utilisé dans des véhicules sous-marins téléguidés. De plus, la machine synchrone est utilisée avec une commande sans capteur mécanique dans des applications aérospatiale [5] où le critère du poids est très important dans le choix des dispositifs de la navette aérospatiale, pour la propulsion d'une véhicule hybride [6], pour un turbo compresseur dans [7].

1.2 État de l'art et objectifs

Tenant compte de tous les inconvénients dûs au fonctionnement avec capteur mécanique, de nombreuses études ont été faites pour supprimer ce capteur. La recherche et le développement de nouvelles méthodes et de techniques de commande sans capteur continuent d'être soutenus par le fait que les performances obtenues ne sont pas satisfaisants. Cependant, ces études ont fait apparaître différentes techniques pour l'estimation de la vitesse et la position du rotor, parmi lesquelles on peut citer :

1. les techniques basées sur le modèle de la machine, ces méthodes utilisent des observateurs d'état qui sont capables de reconstruire des grandeurs non mesurées. Cette approche, largement utilisée dans la littérature, présente une difficulté : les modèles utilisés ne sont pas toujours observables à faible vitesse ou à l'arrêt, parmi ces techniques on peut citer :
   - les techniques basées sur l'estimation de la f.e.m [8], [9], [10] Ces méthodes sont largement traitées dans la littérature du fait de leur simplicité. Le principe est l'utilisation de la relation entre la vitesse et la position avec la force électromotrice. Cette méthode estime bien la vitesse et la position à vitesse moyenne et à haute vitesse, mais cette technique ne

fonctionne pas à basse vitesse car la f.e.m est devenue très faible.

- les filtres de Kalman [11], [12], [13], [14], [15], [16], [17], [18].
- les observateurs par modes glissants [19], [20], [21], [22] [23], [24].
- l'observateur de Luenberger [25], [26], [27]
- les observateurs non linéaires [28], [29], [30], [31]
- les observateurs adaptatifs [32], [33], [34]

2. les méthodes basées sur la saillance du rotor et l'injection des signaux parmi lesquelles on peut citer [35], [36], [37],[38], [39], [40], [41], [19], [42], [43].
3. l'approche sans modèle [44] [45], [46], [47]

Cette liste de méthodes ne se prétend évidemment pas exhaustive.

Plusieurs techniques de commande ont été utilisées pour contrôler les machine électriques avec ou sans capteur mécanique, parmi lesquels nous pouvons citer :

- Commande par modes glissants [48], [49], [19], [50], .
- Commande par Backstepping [51], [52], [53], [54].
- Technique de linéarisation [55], [56], [16]

La plupart des méthodes de commande sans capteur basées sur le modèle de la machine présentées dans la bibliographie ne sont pas testées à basse vitesse et fort couple. De plus la majorité de ces techniques supposent que les paramètres de la machine sont bien connus et que ces paramètres ne varient pas (avec la température par exemple), ce qui peut poser des problèmes de robustesse de ces algorithmes. [57], [58], [59] ont présenté quelques tests de robustesse vis-à-vis des variations de paramètres électriques (résistance et inductances statoriques) de la machine. Ces tests ont été réalisés dans des gammes spécifiques de vitesse et avec capteur mécanique. Une autre difficulté de la commande sans capteur mécanique qui n'est pas toujours traitée dans la littérature est la preuve de stabilité de l'ensemble (Observateur+Commande) en boucle fermée.

D'où, la motivation et l'objectif de ce travail qui sont de concevoir des lois de commande robuste sans capteur mécanique (avec preuve de stabilité en boucle fermée) qui fonctionnent à toutes les gammes de vitesse dont la vitesse zéro et couple nominal comme demandé dans le "Benchmark de la commande sans capteur de la machine synchrone" [60] de l'inter GDR Commande des Systèmes Electriques.

Le travail de cet ouvrage s'inscrit dans le cadre de la commande sans capteur de la machine synchrone à aimants permanents à pôles saillants. Dans nos travaux, nous développons des observateurs ainsi que des lois de commande non linéaires. Nous présentons tout d'abord des observateurs non linéaires (adaptatif interconnecté, modes glissants d'ordre supérieur) pour l'observation de la vitesse et de la position du rotor de la machine synchrone à pôles saillants, et pour rendre l'observateur ainsi que la commande robustes vis-à-vis des variations paramétriques et des perturbations externes, la résistance statorique et le couple de charge seront considérés comme des variables à estimer par les observateurs. Par la suite nous développerons des techniques de conception de lois de commande non linéaire (backstepping, modes glissants d'ordre supérieur) permettant de hautes performances statiques et dynamiques. Puis chaque loi de commande sera associée à un observateur dans le but de la commande sans capteur de l'actionneur synchrone à pôles saillants. Nous validons ensuite les lois de commande sans capteur synthétisées dans notre travail. Cette validation consiste à les tester sur un benchmark industriel à travers des simulations et des expérimentations.

1.3 Organisation du rapport

Le travail présenté dans ce livre s'inscrit dans le cadre de l'observation et la commande non linéaire de la machine synchrone. Cet ouvrage est organisé de la manière suivante :

Chapitre 2, **Modélisation et observabilité de la machine synchrone à aimants permanents à pôles saillants (MSAPPS)**

Ce chapitre est consacré à la modélisation et à l'étude de l'observabilité de la machine synchrone à pôles saillants. En effet, nous décrirons la machine concernée par cette étude en présentant ses avantages ainsi que les applications où cette machine peut être utilisée. Ensuite, nous rappellerons la modélisation de la machine synchrone à pôles saillants, dans cette section, les modèles non linéaires dans le repère fixe $(\alpha - \beta)$ et dans le repère tournant $(d - q)$, seront présentés. Par la suite, l'étude de l'observabilité de la machine synchrone à pôles saillants est abordée. Dans la littérature, il y a peu de résultats concernant l'observabilité de la MSAPPS, pour cela ce point est abordé en détail dans notre travail. Tout d'abord, l'observabilité des systèmes non linéaires basée sur le critère de rang est rappelée. Après nous présentons l'étude de l'observabilité de la vitesse et de la position de la machine avec et sans capteur mécanique. Finalement, l'étude de l'identifiabilité de la résistance statorique et de l'observabilité du couple de charge est présentée. Ces études ont montré que la machine synchrone à pôles saillants est observable à vitesse non nulle ainsi que l'observabilité à l'arrêt est possible sous certaines conditions.

Le chapitre 3, **Observateurs non linéaires pour la commande sans capteur de la machine synchrone**

Dans ce chapitre nous utilisons deux techniques d'élaboration des observateurs non linéaires. Dans la suite des travaux de [61] pour la machine synchrone à aimants surfaciques, nous proposons une nouvelle configuration de l'observateur adaptatif interconnecté présenté dans [62] qui estime en ligne la résistance et l'inductance statorique en plus des variables mécaniques. Ensuite, en utilisant la même technique, un observateur adaptatif interconnecté est élaboré pour la machine synchrone à pôles saillants. La stabilité pratique des observateurs adaptatifs interconnectés est prouvée en présence des incertitudes paramétriques. Finalement, nous développons un observateur interconnecté par modes glissants d'ordre supérieur. Cette technique permet de limiter le phénomène de "chattering" en profitant des avantages des modes glissants. La convergence en temps fini de cet observateur est obtenue. Les observateurs présentés dans ce chapitre seront testés en simulation et en expérimentation sur un Benchmark spécifique.

Le chapitre 4, **Lois de Commande non linéaires Sans Capteur mécanique**

Dans ce chapitre, nous présenterons des techniques de commandes robustes non linéaires pour la commande de la machine synchrone à pôles saillants. La commande par backstepping classique ne rejette pas les perturbations. Pour cela cette technique sera modifiée en introduisant des termes intégraux dans chaque étape de son algorithme de conception. Cette loi a pu être validée expérimentalement sur le banc du laboratoire. Ensuite, pour profiter des avantages des commandes par modes glissants, nous allons utiliser deux techniques basées sur cette théorie : la commande par modes glissants d'ordre supérieur à trajectoires pré-calculées et la commande par modes glissants quasi-continue. Chaque loi de commande est associée à un observateur présenté dans le chapitre 3 pour réaliser la commande sans capteur mécanique. Une démonstration de la stabilité en boucle fermée "observateur+commande" de chaque loi de commande sans capteur sera présentée. Les lois de commande sans capteur seront testées sur le benchmark "Commande sans capteur mécanique".

Le chapitre 5, **Conclusions et perspectives**

A la fin de ce manuscrit nous rappelons les techniques proposées pour résoudre le problème de la commande sans capteur et nous présentons quelque perspectives qui peuvent compléter les travaux de ce livre.

Les travaux réalisés dans cet ouvrage ont fait l'objet de publications acceptées, soumises ou en préparation dans des revues internationales et de communications orales lors de colloques scientifiques :

PUBLICATION EN REVUES

- (Hamida, 2012a) : M A. Hamida, A. Glumineau and J. De Leon. ***Robust integral action Backstepping control for Sensorless IPM Synchronous Motor Controller.*** Journal of the Franklin Institute, Vol.349, Issue 5, pp. 1734-1757, June 2012.
- (Hamida, 2013a) : M A. Hamida, J. De Leon, A. Glumineau. and R. Boisliveau *An Adaptive Interconnected Observer for Sensorless Control of PM Synchronous Motors with Online Parameters Identification.* IEEE Transaction on Industrial Electronics, Vol.60, N.02, pp. 739-748, Février 2013.
- (Hamida, 2013d) : M A. Hamida, J. De Leon and A. Glumineau. *High Order Sliding Mode Observers and Integral Backstepping Sensorless Control of IPMS Motor.* International Journal of Control, *DOI :10.1080/00207179.2014.904523.*
- (Hamida, 2013e) : M A. Hamida, A. Glumineau and J. De Leon *HOSM Optimum Controller for Adaptive Sensorless IPMSM Drive* , Mathematics and Computers in Simulation. Vol.105, pp. 79-104, November 2014.
- (Hamida, 2013f) : M A. Hamida, A. Glumineau, J. De Leon and L. Loron *Sensorless Integral Bakstepping Control Using an Adaptive High Gain Observer of IPMSM*, IEEE Transation on Industrial Electronics (en préparation).

PUBLICATION EN CONGRES INTERNATIONAUX

- (Hamida, 2012b) : M A. Hamida, M. Ezzat, A. Glumineau. J. De Leon et Robert Boisliveau *Commande par Backstepping avec action intégrale pour la MSAP : Tests expérimentaux*, CIFA 2012, Grenoble, France, 4-6 juillet 2012.
- (Hamida, 2012c) : M A. Hamida, J. De Leon et A. Glumineau. *Observateur adaptatif interconnecté pour la commande sans capteur de la MSAPPS*, CIFA 2012, Grenoble, France, 4-6 juillet 2012.
- (Hamida, 2012d) : M A. Hamida, A. Glumineau and J. De Leon. *Optimum torque sensorless HOSM controller for IPMSM via adaptive interconnected observer*, IFAC Power Plant and Power System Control (PPP&SC) 2012, Toulouse, 4-5 septembre 2012.
- (Hamida, 2012e) : M A. Hamida, A. Glumineau and J. De Leon. *High Performance Quasi-Continous HOSM Controller for Sensorless IPMSM Based on Adaptive Interconnected Observer*, 51st IEEE Conference on Decision and Control 2012, Maui, Hawaii, USA, 10-13 décembre 2012.
- (Hamida, 2013b) : M A. Hamida, A. Glumineau and J. De Leon. *High order Sliding Mode Observer and Optimum Integral Backstepping Control for Sensorless IPMSM Drive*, The 2013 American Control Conference, Washington, USA, 17-19 June 2013.

- (Hamida, 2013c) : M A. Hamida, J. De Leon and A. Glumineau . *High Order Sliding Mode Controller and Observer for Sensorless IPM Synchronous Motor*, 4th IEEE POWERENG 2013, Istanbul, Turkey, 13 - 17 May 2013.

PUBLICATION EN CONGRES NATIONAUX

- (Hamida, 2011) : M A. Hamida et A. Glumineau. *Commande par Backstepping avec action intégrale : application à la machine synchrone*, JDMACS, Marseille, 6-8 juin 2011.

Chapitre 2

Modélisation et observabilité de la MSAPPS

2.1 Introduction

Ce chapitre est consacré à la modélisation et à l'étude de l'observabilité de la machine synchrone à pôles saillants. Après avoir présenté les généralités sur la machine synchrone à aimants permanents nous introduisons la modélisation de cette machine. Dans cette partie nous présentons les différents modèles non linéaires de la machine synchrone à pôles saillants. En suite, et à partir des modèles obtenus, nous étudions l'observabilité de la machine synchrone à pôles saillants dans deux repères différents. Par la suite et pour améliorer les performances de la machine, une stratégie de maximisation du couple sera présentée en exploitant le courant de l'axe direct i_d. Finalement, la dernière partie de ce chapitre et dédiée à la présentation d'un benchmark "Benchmark commande sans capteur mécanique". Ce benchmark permet de tester les performances des algorithmes de commande sans capteur "Commande+Observateur" dans des trajectoires difficiles notamment à très basse vitesse.

2.2 Modèle de la machine synchrone à pôles saillants

2.2.1 Généralités sur la machine synchrone à aimants permanents

Les machines synchrones à aimants permanents sont de plus en plus utilisées dans de nombreux domaines grâce à leur efficacité énergétique, leur simplicité de mise en œuvre et leur performance dynamique. Une machine synchrone à aimants est une machine dont la vitesse de rotation de l'arbre est égale à la vitesse de rotation du champ tournant et le champ rotorique est généré par un aimant. Le stator est constitué de trois bobines décalées les unes des autres de 120° électrique, la présence de courants dans les phases produit un champ par les enroulements ce qui oriente le rotor. La position du champ rotorique est alors fixe par rapport au rotor, ce qui impose en fonctionnement normal une vitesse de rotation identique entre le rotor et le champ tournant statorique. Nous pouvons distinguer les différents types de machines synchrones à aimants permanents principalement par la structure de leur rotor. La forme et l'emplacement des aimants dans la machine synchrone permettent d'aboutir à plusieurs configurations. Chaque application ayant des besoins spécifiques, la diversité de ces machines est donc importante. Leur classification globale en termes de position des pôles est le suivant :

- Aimants en surface.
- Aimants insérés.
- Aimants enterrés.
- Aimants à concentration de flux.

Machine à aimants permanents surfaciques

La topologie la plus utilisée était celle des machines à aimants surfaciques parmi toutes les machines à aimants permanents [63]. Sachant que la machine présentée à la figure 2.1.a est à pôles lisses et les inductances dans l'axe d et dans l'axe q sont identiques, le couple réluctant produit par la machine est nul. De plus, la perméabilité relative des aimants permanents est similaire à celle de l'air, ce qui conduit à une faible inductance de la machine, car la longueur effective de l'entrefer est importante. La réluctance de l'entrefer est théoriquement constante pour les différentes positions du rotor, ainsi, le couple de détente de la machine à aimants permanents surfaciques est faible. En raison de ceci, l'ondulation de couple à faible densité de courant de la machine est elle aussi faible. Dans cette machine les aimants ne sont pas bien protégés car en cas de défluxage ou de court-circuit, les flux dus aux courants de court-circuit sont obligés de traverser les aimants permanents, ce qui pourrait causer des désaimantations irréversibles dans les aimants permanents [64].

Machine à aimants permanents insérés

Comme la machine avec aimants en surface, les aimants sont aussi montés sur la surface du rotor (figure 2.1.b). Les parties de fer entre les aimants permanents sont des espaces interpolaires qui rajoutent de la saillance. La valeur de cette saillance dépend de la hauteur des aimants par rapport au fer et à l'ouverture des aimants. Toutefois, les caractéristiques de cette structure restent fondamentalement proches de la MSAP à pôles lisses.

Machine à aimants permanents enterrés

Pour à la fois protéger les aimants permanents en cas de défluxage ou en cas de court-circuit et améliorer la tenue mécanique, des machines à aimants permanents enterrés ont été conçues (figure 2.1.c). Du fait que les aimants sont enterrés et efficacement protégés contre le champ de

la réaction d'induit, la machine à aimants enterrés est donc appropriée pour les applications avec une puissance constante sur une large plage de la vitesse [65]. Avec les aimants enterrés, l'épaisseur active de l'entrefer est plus faible que celle équivalente de la machine à aimants surfaciques. De plus, les inductances dans l'axe d et dans l'axe q de la machine à aimants permanents enterrés sont différentes ($L_d < L_q$). Ainsi, le couple réluctant existe et la densité de couple peut être plus élevée que la machine à aimants permanents surfaciques équivalente.
Le coût des terres rares comme le néodyme a augmenté fortement durant ces dernières années. Cela influe directement sur le coût des machines à aimants permanents et devient l'inconvénient principal de ce type de machine. Les dernières études industrielles ont privilégié la création de couple grâce au rapport de saillance tout en utilisant moins d'aimants dans le rotor de la machine. Cette solution permet de réduire le coût de fabrication des machines à aimants en conservant leurs avantages. Cependant, le couple réluctant des machines à aimants enterrés peut être relativement important par rapport à d'autres machines (celles comportant des aimants en surface notamment).

Machine à concentration de flux

Une autre façon de placer les aimants permanents dans le rotor est de les enterrer profondément à l'intérieur du rotor (figure 2.1.d). Dans cette configuration, les aimants sont aimantés dans le sens de la circonférence. Les pôles magnétiques se forment alors au niveau des parties ferromagnétiques du rotor par concentration de flux provenant des aimants permanents. L'avantage de cette configuration par rapport aux autres est la possibilité de concentrer le flux généré par les aimants permanents dans le rotor et d'obtenir ainsi une induction plus forte dans l'entrefer. Comme les machines à aimants enterrés, les aimants de cette dernière sont aussi bien protégés contre la désaimantation et les contraintes mécaniques. La réactance synchrone sur l'axe q est plus grande que celle de l'axe d ($L_q > L_d$).

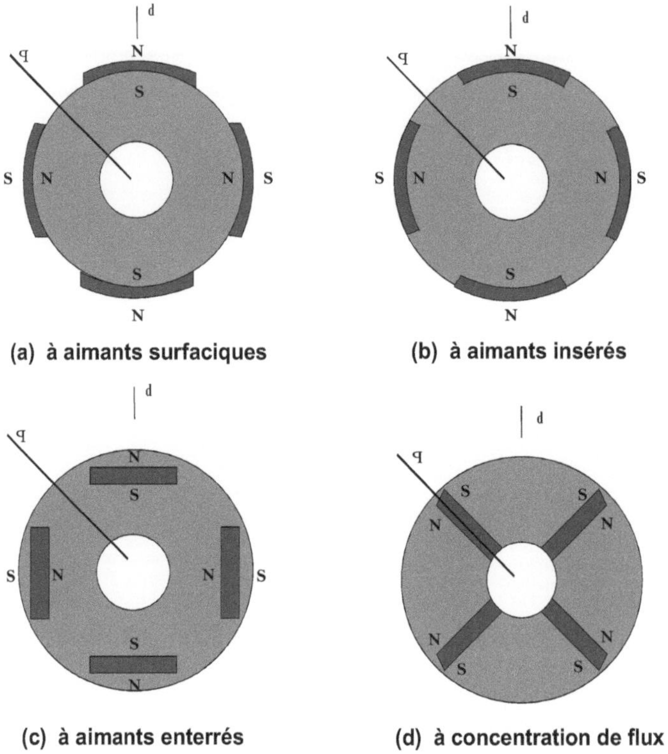

FIGURE 2.1 – Différentes structures des rotors des MSAP

Dans notre étude nous nous intéressons aux machines à aimants permanents où $L_q \neq L_d$. Dans ces types de machines synchrones, les aimants sont intégrés dans le rotor. Du fait que la surface du pôle magnétique est plus faible que celle du rotor, l'induction dans l'entrefer est plus faible que l'induction dans les aimants. La réactance synchrone dans l'axe d est différente que celle de l'axe q. Les aimants dans ces configurations sont très bien protégés contre les forces centrifuges. Ces configurations sont donc recommandées surtout pour les applications à grandes vitesses.

2.3 Modélisation de la MSAPPS

L'étude de tout système physique nécessite une modélisation. Celle-ci nous permet de simuler le comportement de ce système face à différentes sollicitations et d'appréhender ainsi les mécanismes régissant son fonctionnement.

Afin d'obtenir une formulation plus simple et de réduire la complexité du modèle de la machine, l'établissement de son modèle sera développé sur la base des hypothèses suivantes [66] :

- l'effet d'encoche est négligé ;
- répartition sinusoïdale de l'induction dans l'entrefer ;
- caractéristique magnétique linéaire (saturation et hystérésis négligés) ;
- effet de la température, effet de peau et courant de Foucault sont négligeables ;

2.3.1 Transformation triphasé-biphasé

Les transformations de Concordia et de Park sont des opérations mathématiques qui permettent de passer d'un modèle triphasé équilibré en un système équivalent à deux axes orthogonaux. Ceci permet la simplification de l'étude des machines électriques.

2.3.2 Transformation de Concordia

La transformation de Concordia permet de passer d'un système triphasé abc à un système de cordonnées α, β. Cette transformation est choisie pour des raisons de symétrie de transformation directe et inverse. La transformation est donnée par :

$$\begin{bmatrix} x_0 \\ x_\alpha \\ x_\beta \end{bmatrix} = {T_3}^T \begin{bmatrix} x_a \\ x_b \\ x_c \end{bmatrix} \tag{2.1}$$

où $T_3 = \{\lambda_1, \lambda_2, \lambda_3\} = \sqrt{\frac{2}{3}} \begin{bmatrix} \frac{1}{\sqrt{2}} & 1 & 0 \\ \frac{1}{\sqrt{2}} & -\frac{1}{2} & \frac{\sqrt{3}}{2} \\ \frac{1}{\sqrt{2}} & -\frac{1}{2} & -\frac{\sqrt{3}}{2} \end{bmatrix}$,
avec x_0 est la composante homopolaire, nulle en régime équilibré.

2.3.3 Transformation de Park

La transformation de Concordia a donné un système biphasé dans le repère lié au stator. A l'aide de la transformation de Park, on peut exprimer tous les vecteurs dans un repère lié au rotor. Cette transformation se fait à l'aide de la matrice de Park P :

$$\begin{bmatrix} x_d \\ x_q \end{bmatrix} = P(-\xi) \begin{bmatrix} x_\alpha \\ x_\beta \end{bmatrix} \tag{2.2}$$

où $P(\xi) = \begin{bmatrix} \cos\xi & -\sin\xi \\ \sin\xi & \cos\xi \end{bmatrix}$.

2.3.4 Application à la machine synchrone à pôles saillants

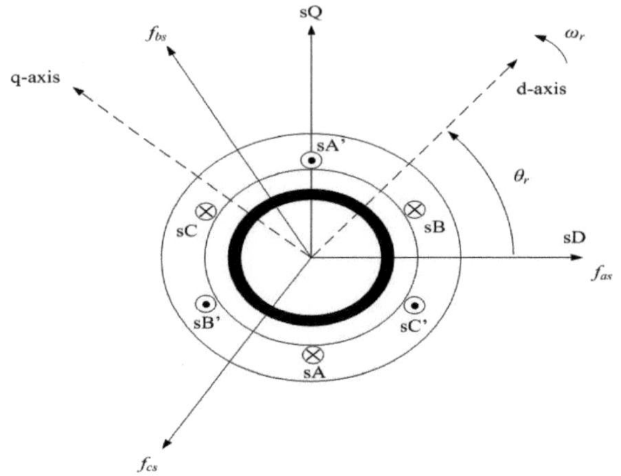

FIGURE 2.2 – Représentation des référentiels $a-b-c$, $\alpha-\beta$, et $d-q$

L'équation de tension statorique dans le référentiel du stator (abc) peut être mise sous la forme :

$$\begin{bmatrix} v_a \\ v_b \\ v_c \end{bmatrix} = R_s \begin{bmatrix} i_a \\ i_b \\ i_c \end{bmatrix} + \frac{d}{dt} \begin{bmatrix} \phi_a \\ \phi_b \\ \phi_c \end{bmatrix} \tag{2.3}$$

où :

$\begin{bmatrix} v_a, v_b, v_c \end{bmatrix}^T$: sont les tensions de phases statoriques,

$\begin{bmatrix} i_a, i_b, i_c \end{bmatrix}^T$: sont les courants de phases statoriques,

R_s : est la résistance d'un bobinage statorique,

$\begin{bmatrix} \phi_a, \phi_b, \phi_c \end{bmatrix}^T$: sont les flux totaux statoriques.

$$\begin{bmatrix} \phi_a \\ \phi_b \\ \phi_c \end{bmatrix} = [L_{ss}] \begin{bmatrix} i_a \\ i_b \\ i_c \end{bmatrix} + \begin{bmatrix} \phi_{af} \\ \phi_{bf} \\ \phi_{cf} \end{bmatrix}$$

où :

$$\begin{bmatrix} \phi_{af} \\ \phi_{bf} \\ \phi_{cf} \end{bmatrix} = \phi_f \begin{bmatrix} cos(\theta) \\ cos(\theta - 120^o) \\ cos(\theta + 120^o) \end{bmatrix}$$

avec $[L_{ss}]$ est la matrice d'inductance, qui se compose de termes variables et de termes constants. Elle peut s'écrire dans le cas de la machine à pôles saillants par :

$$[L_{ss}] = [L_{so}] + [L_{sv}]$$

avec :

$$[L_{so}] = \begin{bmatrix} L_{so} & M_{so} & M_{so} \\ M_{so} & L_{so} & M_{so} \\ M_{so} & M_{so} & L_{so} \end{bmatrix},$$

et

$$[L_{sv}] = L_{sv} \begin{bmatrix} cos(2\theta_e) & cos(2\theta_e - \frac{2\pi}{3}) & cos(2\theta_e + \frac{2\pi}{3}) \\ cos(2\theta_e - \frac{2\pi}{3}) & cos(2\theta_e + \frac{2\pi}{3}) & cos(2\theta_e) \\ cos(2\theta_e + \frac{2\pi}{3}) & cos(2\theta_e) & cos(2\theta_e - \frac{2\pi}{3}) \end{bmatrix},$$

où L_{so}, L_{sv} et M_{so} sont les inductances propres et mutuelles respectivement. Elles sont constantes. Les tensions statoriques s'écrivent alors :

$$\begin{bmatrix} v_a \\ v_b \\ v_c \end{bmatrix} = R_s \begin{bmatrix} i_a \\ i_b \\ i_c \end{bmatrix} + [L_{ss}] \frac{d}{dt} \begin{bmatrix} i_a \\ i_b \\ i_c \end{bmatrix} - \phi_f \omega \begin{bmatrix} sin(\theta) \\ sin(\theta - 120^o) \\ sin(\theta + 120^o) \end{bmatrix}. \tag{2.4}$$

Le système (2.4) représente le modèle triphasé de la machine synchrone à pôles saillants. Dans la suite, les transformations de Concordia et de Park seront appliquées sur le modèle (2.4).

En appliquant la transformation de Concordia (2.1) sur le système (2.4) Le modèle du moteur synchrone à pôles saillants dans le repère fixe $(\alpha - \beta)$ devient :

$$\begin{bmatrix} v_\alpha \\ v_\beta \end{bmatrix} = R_s \begin{bmatrix} i_\alpha \\ i_\beta \end{bmatrix} + \frac{d}{dt} \begin{bmatrix} \phi_\alpha \\ \phi_\beta \end{bmatrix}. \tag{2.5}$$

Par la transformée de Park, le modèle du moteur dans le repère tournant orienté devient :

$$\begin{bmatrix} u_d \\ u_q \end{bmatrix} = R_s \begin{bmatrix} i_d \\ i_q \end{bmatrix} + \frac{d}{dt} \begin{bmatrix} \phi_d \\ \phi_q \end{bmatrix} + \omega_e \begin{bmatrix} \phi_d \\ \phi_q \end{bmatrix}. \tag{2.6}$$

Dans les machines synchrones à répartition sinusoïdale des conducteurs, ϕ_d et ϕ_q sont des fonctions linéaires des courants i_d et i_q :

$$\begin{cases} \phi_d = L_d i_d + \phi_f \\ \phi_q = L_q i_q \end{cases} \tag{2.7}$$

De l'équation (2.6) et de l'équation (2.7), l'équation suivante est obtenue :

$$\begin{bmatrix} u_d \\ u_q \end{bmatrix} = \begin{bmatrix} R_s + sL_d & -p\Omega L_q \\ p\Omega L_d & R_s + sL_q \end{bmatrix} \begin{bmatrix} i_d \\ i_q \end{bmatrix} + \begin{bmatrix} 0 \\ p\Omega\phi_f \end{bmatrix} \tag{2.8}$$

L_d et L_q sont les inductances directe est en quadrature et elles sont supposées indépendantes de la position. ϕ_f représente le flux des aimants à travers le circuit équivalent direct. s est l'opérateur de Laplace.

2.3.5 Les équations mécaniques

Conformément à la loi de Newton, le modèle mécanique peut être décrit par les deux équations suivantes :

$$\frac{d}{dt}\theta = \Omega \tag{2.9}$$

où θ_e est l'angle électrique désignant la position du rotor par rapport au stator et ω est la vitesse angulaire électrique.

$$J\frac{d}{dt}\Omega + f_v\Omega = T_e - T_l, \tag{2.10}$$

avec : Ω est la vitesse angulaire du rotor ($\omega = p\Omega$), p est le nombre de paire de pôles, J est l'inertie totale (moteur + charge), f_v est le coefficient du frottement, T_e est le couple électromagnétique et T_l est le couple de charge.

2.3.6 Couple électromagnétique

Le couple électromagnétique fourni par l'actionneur synchrone à aimants permanents à f.e.m sinusoïdale est donné par l'expression suivante [67] :

$$T_e = p(\phi_\alpha i_\beta - \phi_\beta i_\alpha) = p(\phi_d i_q - \phi_q i_d) = p((L_d - L_q)i_d + \phi_f)i_q. \tag{2.11}$$

Le terme $p(L_d - L_q)i_d i_q$ représente le couple réluctant à cause de l'anisotropie du moteur (pôles saillants) et le terme $p\phi_f i_q$ représente le couple synchrone dû au flux créé par les aimants permanents.

2.3.7 Modèle d'état non linéaire de la machine synchrone

La présentation du modèle d'état demande, dans un premier temps, la définition du vecteur d'état x, le vecteur d'entrée u et le vecteur de sortie y.

Modèle d'état dans le repère $\alpha - \beta$

Les tensions statoriques sont :

$$\begin{bmatrix} v_\alpha \\ v_\beta \end{bmatrix} = \begin{bmatrix} R_s + sL_\alpha & sL_{\alpha\beta} \\ sL_{\alpha\beta} & R_s + sL_\beta \end{bmatrix} \begin{bmatrix} i_\alpha \\ i_\beta \end{bmatrix} + \omega\phi_f \begin{bmatrix} -\sin\theta_e \\ \cos\theta_e \end{bmatrix} \tag{2.12}$$

avec

$$L_\alpha = L_0 + L_1\cos 2\theta_e, L_\beta = L_0 - L_1\cos 2\theta_e$$
$$L_{\alpha\beta} = L_1\sin 2\theta_e, L_0 = \frac{L_d + L_q}{2}, L_1 = \frac{L_d - L_q}{2}.$$

Soit :

$$\begin{bmatrix} \dot{i}_\alpha \\ \dot{i}_\beta \end{bmatrix} = -\frac{R_s A_\theta}{D}\begin{bmatrix} i_\alpha \\ i_\beta \end{bmatrix} - \frac{2L_1\omega B_\theta}{D}\begin{bmatrix} i_\alpha \\ i_\beta \end{bmatrix} - \frac{\omega\phi_f(L_0 + L_1)}{D}\begin{bmatrix} -\sin\theta_e \\ \cos\theta_e \end{bmatrix} + \frac{A_\theta}{D}\begin{bmatrix} v_\alpha \\ v_\beta \end{bmatrix} \tag{2.13}$$

où

$$A_\theta = \begin{bmatrix} L_\beta & -L_{\alpha\beta} \\ -L_{\alpha\beta} & L_\alpha \end{bmatrix}, \quad B_\theta = \begin{bmatrix} -L_a & L_b \\ L_b & L_a \end{bmatrix},$$

$$L_a = L_0\sin 2\theta_e, \qquad L_b = L_1 + L_0\cos 2\theta_e,$$

$$\text{et} \quad D = |A_\theta| = L_\alpha L_\beta - (L_{\alpha\beta})^2 .$$

En introduisant ω et θ_e comme des variables d'état et soit le vecteur d'état $[x_1, x_2, x_3, x_4]^T = [i_\alpha, i_\beta, \omega_e, \theta_e]^T$, alors le modèle (2.13) s'écrit :

$$\begin{bmatrix} \dot{x}_1 \\ \dot{x}_2 \\ \dot{x}_3 \\ \dot{x}_4 \end{bmatrix} = \begin{bmatrix} \Delta_{11}\lambda_1 + \Delta_{12}\lambda_2 \\ \Delta_{21}\lambda_1 + \Delta_{22}\lambda_2 \\ T_e - \frac{f_v}{J}x_3 - \frac{1}{J}T_l \\ x_3 \end{bmatrix} \tag{2.14}$$

$\Delta_{11} = \frac{1}{D}(L_0 - L_1 cos(2\theta_e))$, $\Delta_{12} = \Delta_{21} = -\frac{1}{D}(L_1 sin(2\theta_e))$, $\Delta_{22} = \frac{1}{D}(L_0 + L_1 cos(2\theta_e))$,

$\lambda_1 = (R - 2L_1 x_3 sin(2x_4))x_1 + 2L_1 x_3 cos(2x_4)x_2 + x_3\phi_f sin(x_4) + v_\alpha$,

$\lambda_2 = (R - 2L_1 x_3 sin(2x_4))x_2 - 2L_1 x_3 cos(2x_4)x_1 - x_3\phi_f sin(x_4) + v_\beta$.

Modèle d'état dans le repère $d-q$

Le vecteur d'état est constitué des deux courants statoriques et de la vitesse. Le vecteur d'entrée est composé des tensions statoriques et le couple de charge. Le vecteur de sortie est constitué des deux courants statoriques. Dans le cas d'une régulation de la position du rotor θ, il faut prendre celle-ci comme une nouvelle variable d'état, le nouveau modèle s'écrit :

$$\begin{bmatrix} \dot{i}_d \\ \dot{i}_q \\ \dot{\Omega} \\ \dot{\theta} \end{bmatrix} = \begin{bmatrix} -\frac{R_s}{L_d}i_d + p\frac{L_q}{L_d}i_q\Omega \\ -\frac{R_s}{L_q}i_q - p\frac{L_d}{L_q}i_d\Omega - \frac{p\phi_f}{L_q}\Omega \\ \frac{p\phi_f}{J}i_q + \frac{p(L_d-L_q)}{J}i_d i_q - \frac{f_v}{J}\Omega \\ \Omega \end{bmatrix} + \begin{bmatrix} \frac{1}{L_d} & 0 & 0 \\ 0 & \frac{1}{L_q} & 0 \\ 0 & 0 & -\frac{1}{J} \\ 0 & 0 & 0 \end{bmatrix} \begin{bmatrix} u_d \\ u_q \\ T_L \end{bmatrix} . \tag{2.15}$$

Dans le cas de la machine synchrone à pôles lisses, le modèle (2.15) se simplifie comme suit :

$$\begin{bmatrix} \dot{i}_d \\ \dot{i}_q \\ \dot{\Omega} \\ \dot{\theta} \end{bmatrix} = \begin{bmatrix} \frac{-R}{L_s}i_d + pi_q\Omega \\ \frac{-R}{L_s}i_q - pi_d\Omega - \frac{p\Psi_f}{L_s}\Omega \\ \frac{p\phi_f}{J}i_q - \frac{f}{J}\Omega \\ \Omega \end{bmatrix} + \begin{bmatrix} \frac{1}{L_s} & 0 & 0 \\ 0 & \frac{1}{L_s} & 0 \\ 0 & 0 & \frac{-1}{J} \\ 0 & 0 & 0 \end{bmatrix} \begin{bmatrix} u_d \\ u_q \\ T_l \end{bmatrix} . \tag{2.16}$$

2.4 Observabilité de la machine synchrone à pôles saillants

L'observabilité d'un système exprime la possibilité de reconstruire l'état x à partir de la seule connaissance des sorties y et des entrées u. L'analyse de l'observabilité des systèmes non linéaires est complexe car elle peut dépendre de l'entrée du système et qu'il peut y avoir des singularités d'observation dans l'espace d'état. Dans la littérature très peu de travaux traitent de l'observabilité de la machine synchrone [50], [68], [69], [70] malgré que cette étude soit nécessaire pour savoir les contraintes dues à l'observabilité avant de concevoir un observateur. Un des objectifs de cette thèse est de mettre en place des observateurs non linéaires pour la commande robuste sans capteur de la machine synchrone à aimants permanents. Pour ce faire, une étude préliminaire de l'observabilité de cette machine est présentée dans cette section. Tout d'abord nous définissons l'analyse de l'observabilité des systèmes non linéaires basée sur le critère du rang que nous allons utiliser dans notre travail. Puis, l'observabilité de la machine synchrone à aimants permanents sera étudiée avec et sans mesure de vitesse. Ensuite, et parce que le couple de charge et la résistance statorique sont considérés comme des variables à estimer par les observateurs, leur observabilité est étudiée à la fin de cette section. Soit le système non linéaire suivant :

$$\begin{cases} \dot{x}(t) & = & f(x(t), u(t)) \\ y & = & h(x(t)) \end{cases} \tag{2.17}$$

où $x \in \mathbb{R}^n$ représente l'état, $u \in \mathbb{R}^m$ l'entrée et $y \in \mathbb{R}^p$ la sortie. $f(.,.)$ et $h(.)$ sont des fonctions méromorphes de x et u. On suppose également que la fonction $u(t)$ est admissible, c'est-à-dire mesurable et bornée.

DÃľfinition 1 ***Indistinguabilité [71].*** *Deux états initiaux $x(t_o) = x_1$ et $x(t_o) = x_2$ sont dit indistinguables pour le système* (2.17) *si $\forall t \in [t_o, t_1]$, les sorties correspondantes $y_1(t)$ et $y_2(t)$ sont identiques quelle que soit l'entrée admissible $u(t)$ du système.*

DÃľfinition 2 ***Observabilité.*** *Le système* (2.17) *est observable en $x_0 \in \mathbb{R}^n$ si tout autre état $x_1 \neq x_0$ est distinguable de x_0 dans $\mathbb{R}^n$. Le système* (2.17) *est observable s'il est observable en tout point x_0 de $\mathbb{R}^n$.*

En d'autres termes, un système est observable s'il n'existe pas d'états initiaux distincts qui ne puissent être départagés par examen de la sortie du système.

DÃľfinition 3 ***Espace d'observabilité [71].*** *Considérant le système* (2.17)*. L'espace d'observabilité $\mathcal{O}$, est défini par le plus petit espace vectoriel contenant les sorties $h_1, h_2, \ldots, h_p$ et qui soit fermé sous l'opération de la dérivation de Lie par rapport au champ de vecteur $f(x, u)$, u étant fixe.*

On note $d\mathcal{O}$ l'espace des différentielles des éléments de $\mathcal{O}$.

DÃľfinition 4 ***Observabilité au sens du rang.*** *Le système* (2.17) *est observable au sens du rang en $x_0 \in \mathbb{R}^n$ (c'est-à-dire évalué en x_o) si la dimension de l'espace vectoriel engendré $d\mathcal{O}(x_0)$ est égal à n.*

ThÃľorÃĺme 1 *Si le système* (2.17) *satisfait en x_0 la condition d'observabilité au sens du rang, alors le système* (2.17) *est observable en x_0.*

Le système (2.17) satisfait la condition de rang d'observabilité si, pour tout $x \in \mathbb{R}^n$:

$$dim\mathcal{O}(x) = n. \tag{2.18}$$

Un critère seulement suffisant de l'observabilité locale est :

$$le\ jacobien\ de\ \frac{\partial(y, ..., y^{(n-1)})}{\partial(x_1, .., x_n)}\ est\ de\ rang\ plein. \tag{2.19}$$

2.4.1 Observabilité de la MSAPPS sans capteur mécanique

On considère le modèle de la machine synchrone à pôles saillants dans le repère $(\alpha - \beta)$ lié au stator (2.14) où :

$$x = \begin{bmatrix} x_1 \\ x_2 \\ x_3 \\ x_4 \end{bmatrix} = \begin{bmatrix} i_\alpha \\ i_\beta \\ \omega \\ \theta_e \end{bmatrix}, \quad u = \begin{bmatrix} u_\alpha \\ u_\beta \end{bmatrix}, \quad h(x) = \begin{bmatrix} h_1 \\ h_2 \end{bmatrix} = \begin{bmatrix} x_1 \\ x_2 \end{bmatrix}$$

$$f(x(t), u(t)) = \begin{bmatrix} \Delta_{11}\lambda_1 + \Delta_{12}\lambda_2 \\ \Delta_{21}\lambda_1 + \Delta_{22}\lambda_2 \\ T_e - \frac{f_v}{J}x_3 - \frac{1}{J}T_l \\ x_3 \end{bmatrix}. \tag{2.20}$$

Soit le vecteur $P_1(x)$ généré à partir des mesures et de leurs dérivées respectives de la façon suivante :

$$P_1(x) = \begin{bmatrix} h_1 \\ h_2 \\ \dot{h}_1 \\ \dot{h}_2 \end{bmatrix} = \begin{bmatrix} x_1 \\ x_2 \\ \dot{x}_1 \\ \dot{x}_2 \end{bmatrix}.$$

Le jacobien J_1 de $P_1(x)$ par rapport à l'état x permet de caractériser l'observabilité du système (2.14) au sens du rang

$$J_1(x) = \frac{\partial(P_1(x))}{\partial(x)} = \begin{bmatrix} 1 & 0 & 0 & 0 \\ 0 & 1 & 0 & 0 \\ a & b & c & d \\ a_1 & b_1 & c_1 & d_1 \end{bmatrix}.$$

avec

$$
\begin{aligned}
a &= \frac{R_s L_\beta + 2L_1 L_a \omega}{D} \\
a_1 &= \frac{R_s L_{\alpha\beta} - 2L_1 L_b \omega}{D} \\
b &= 0 \\
b_1 &= \frac{-R_s L_\alpha - 2L_1 L_a \omega}{D} \\
c &= \frac{2L_0 L_1 sin(2\theta) i_\alpha - (2L_0 L_1 cos(2\theta) + 2L_1^2) i_\beta + (L_0 + L_1)\phi_f sin(\theta)}{D}, \\
d_1 &= \frac{-2L_1 cos(2\theta) u_\alpha - 2L_1 sin(2\theta) u_\beta + (4L_0 L_1 \omega sin(2\theta) + 2L_1 R cos(2\theta)) i_\alpha}{D} \\
&\quad + \frac{(-4L_0 L_1 \omega cos(2\theta) + 2L_1 R sin(2\theta)) i_\beta + (L_0 + L_1)\phi_f sin(\theta)\omega}{D} \\
c_1 &= \frac{-(2L_0 L_1 cos(2\theta) + 2L_1^2) i_\alpha - 2L_0 L_1 sin(2\theta) i_\beta - (L_0 + L_1)\phi_f cos(\theta}{D} \\
d &= \frac{2L_1 sin(2\theta) u_\alpha - 2L_1 cos(2\theta) u_\beta + (4L_0 L_1 \omega cos(2\theta) - 2L_1 R sin(2\theta)) i_\alpha}{D} \\
&\quad + \frac{(4L_0 L_1 \omega sin(2\theta) + 2L_1 R cos(2\theta)) i_\beta + (L_0 + L_1)\phi_f cos(\theta)\omega}{D}.
\end{aligned}
$$

Le déterminant Det_{J_1} de $J_1(x)$ est donné par :

$$Det_{J_1} = c.d_1 - c_1.d.$$

Soit :

$$
\begin{aligned}
Det_{J_1} = {} & \tfrac{2L_1\phi_f(L_0+L_1)}{D^2}(v_\alpha \sin\theta_e - v_\beta \cos\theta_e) - \tfrac{2R_s L_1 \phi_f(L_0+L_1)}{D^2}(i_\alpha \sin\theta_e - i_\beta \cos\theta_e) \\
& + \tfrac{\phi_f^2 \omega (L_0+L_1)^2}{D^2} + \tfrac{8L_1 L_0 \phi_f \omega (L_0+L_1) i_\beta}{D^2} \sin\theta_e + \tfrac{8L_1 L_0 \psi_f \omega (L_0+L_1) i_\alpha}{D^2} \cos\theta_e + \tfrac{4L_1^2 L_0}{D^2}(i_\beta v_\alpha \\
& - i_\alpha v_\beta) + \tfrac{4L_1^3 i_\beta}{D^2}(v_\alpha \cos 2\theta_e + v_\beta \sin 2\theta_e) + \tfrac{4L_1^3 i_\alpha}{D^2}(v_\alpha \sin 2\theta_e - v_\beta \cos 2\theta_e) \\
& + \left[\tfrac{8L_1^2 L_0^2 \omega - 4R_s L_1^3 \sin 2\theta_e + 8L_1^3 L_0 \omega \cos 2\theta_e}{D^2}\right](i_\alpha^2 + i_\beta^2) + \tfrac{2L_1^2 \phi_f \omega (L_0+L_1)}{D^2}(i_\alpha \cos\theta_e - i_\beta \sin\theta_e),
\end{aligned}
$$

avec $D = L_0^2 - L_1^2$.

Á partir de l'expression de Det_{J_1}, on remarque que si $\omega \neq 0$, Det_{J_1} ne peut être jamais nul. Pour visualiser le résultat de notre analyse, Det_{J_1} est tracé en fonction de ω (voir figure 2.3) (i.e $Det_{J_1}(\omega)$ pour la machine à pôles saillants). La courbe montre clairement que Det_{J_1} n'est pas nul pour toute valeur de ω différente de zéro, alors on peut conclure que la machine synchrone à pôles saillants est observable si $\omega \neq 0$.

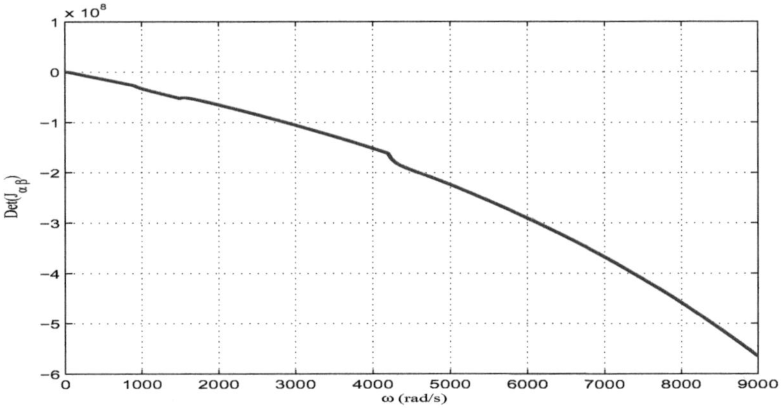

FIGURE 2.3 – Déterminant du jacobien (Det_{J_1}) en fonction de ω (rad/s)

2.4.2 Cas $\omega = 0$

Dans la suite pour le cas $\omega = 0$, nous étudions l'observabilité de la machine synchrone à pôles saillants. Dans ce cas le déterminant Det_{J_1} devient :

$$
\begin{aligned}
Det_{J_1} &= \frac{2L_1\Phi_f(L_0+L_1)}{D^2}(v_\alpha sin\theta_e - v_\beta cos\theta_e) - \frac{2R_sL_1\Phi_f(L_0+L_1)}{D^2}(i_\alpha sin\theta_e - i_\beta cos\theta_e) \\
&+ \frac{4L_1^3 i_\alpha}{D^2}(v_\alpha sin2\theta_e - v_\beta cos2\theta_e) + \frac{-4R_sL_1^3 sin2\theta_e}{D^2}(i_\beta^2 + i_\alpha^2) \\
&+ \frac{4L_1^3 i_\beta}{D^2}(v_\alpha cos2\theta_e + v_\beta sin2\theta_e) + \frac{4L_1^2L_0}{D^2}(v_\alpha i_\beta - i_\alpha v_\beta). \qquad (2.21)
\end{aligned}
$$

Remarque 1 *L'expression* (2.21) *du déterminant* Det_{J_1} *à la vitesse zéro dépend des courants, des tensions statoriques et des paramètres de la machine. Par conséquent, nous avons toujours la possibilité d'observer la machine synchrone à pôles saillants par l'injection des courants supplémentaires [72].*

Par l'utilisation de la transformation de Park (2.2), on peut exprimer le déterminant Det_{J_1} en fonction des tensions et des courants liés au rotor de la manière suivante :

$$
\begin{aligned}
Det_{J_1} &= \frac{2L_1\Phi_f(L_0+L_1)}{D^2}(L_q\frac{di_q}{dt}) + \frac{4L_1^3}{D^2}(u_d i_q - u_q i_d) \\
&+ \frac{-4R_sL_1^3 sin2\theta_e}{D^2}(i_d^2 + i_q^2) + \frac{4L_1^2L_0}{D^2}(u_d i_q - i_d u_q).
\end{aligned}
$$

Pour la machine synchrone à pôles saillants, une stratégie de maximisation de couple dite MTPA (définie dans le chapitre 4) est utilisée pour améliorer les performances de la MSAPPS ($i_d = k * i_q^2$) le déterminant Det_{J_1} devient :

$$
\begin{aligned}
Det_{J_1} &= \frac{2L_1\phi_f(L_0+L_1)}{D^2}(L_q\frac{di_q}{dt}) + [\frac{4L_1^3}{D^2}+\frac{4L_1^2L_0}{D^2}](u_d i_q) \\
&-[\frac{8L_1^3L_0}{\phi_f D^2}+\frac{8L_1^4}{\phi_f D^2}](u_q i_q^2).
\end{aligned} \tag{2.22}
$$

Dans ce cas, la machine synchrone à pôles saillants est observable si :

$$
L_1(-\frac{4L_1^2}{\phi_f}u_q i_q^2 + (2L_1u_d - \phi_f R_s)i_q + \phi_f u_q) \neq 0. \tag{2.23}
$$

Remarque 2 *La condition* (2.23) *est non satisfaite pour les sous-cas suivants (et $\Omega \neq 0$) :*

i) si $u_q = 0$ et $u_d \neq \frac{\phi_f R_s}{2L_1}$, alors, $i_q = 0$, $i_d = 0$ et $T_e = 0$.

ii) si $u_q = 0$ et $u_d = \frac{\phi_f R_s}{2L_1}$, alors, $T_e = \frac{p\phi_f^2}{L_1}$

iii) si $u_q \neq 0$ et $u_d = \frac{\phi_f R_s}{2L_1}$, alors, $i_q = \frac{\phi_f}{2L_1}$ et $T_e = \frac{p\phi_f^2}{L_1}$

iv) si $u_q \neq 0$ et $u_d \neq \frac{\phi_f R_s}{2L_1}$, alors, $i_q = \frac{-(2L_1u_d-\phi_f R_s)\pm[(2L_1u_d-\phi_f R_s)^2+(16L_1^2u_q^2)]^{1/2}}{-8L_1^2u_q/\phi_f}$ et $T_e \neq 0$.

Remarque 3 *Les quatres cas peuvent être vérifiés à l'aide des caractéristiques de la machine. Par exemple, dans le cas de la machine utilisée dans notre travail, seulement le cas i) est réaliste. Ce cas particulier peut être facilement détecté par les mesures (les courants et les tensions sont nuls). Les autres cas ne sont pas réalistes.*

Remarque 4 *A partir de la condition* (2.23), *on voit que la machine synchrone à pôles lisses (le cas où $L_d = L_q$) n'est pas observable à vitesse nulle.*

Dans cette section, l'observabilité de la vitesse et de la position de la machine synchrone à pôles saillants a été étudiée. Dans la prochaine étape on étudiera l'observabilité la résistance statorique et le couple de charge dans le repère $d-q$ lié au rotor.

2.4.3 Étude de "l'observabilité" (identifiabilité) de la résistance statorique et de l'observabilité du couple de charge

Dans la suite de l'étude de l'observabilité de la MSAPPS et par simplicité, dans cette section nous effectuerons une étude de l'observabilité en utilisant le modèle (2.15), l'objectif de ce travail est l'étude de "l'observabilité" de la résistance statorique et du couple de charge. A la fin de cette étude, nous allons donner une condition suffisante de l'observabilité de ces grandeurs.
Nous considérons le vecteur d'état suivant :

$$\tilde{x}_2 = \begin{bmatrix} i_d \\ i_q \\ \Omega \\ R_s \\ T_l \end{bmatrix}, \quad P_2(x) = \begin{bmatrix} h_1 \\ h_2 \\ \dot{h}_1 \\ \dot{h}_2 \\ h_2^{(2)} \end{bmatrix} = \begin{bmatrix} x_1 \\ x_2 \\ \dot{x}_1 \\ \dot{x}_2 \\ x_2^{(2)} \end{bmatrix},$$

où $\tilde{x}_2$ est le vecteur d'état étendu, et $P_2(x)$ obtenu à partir des mesures (courants i_d et i_q) et leurs dérivées temporelles à l'ordre 1 et 2 respectivement. Les dynamiques de R_s et T_l seront définies plus tard.

Le jacobien J_2 de $P_2(x)$ par rapport à l'état étendu $\tilde{x}_2$ permet de caractériser l'observabilité du système (2.15) au sens du rang :

$$J_2(x) = \frac{\partial P_2(x)}{\partial(\tilde{x}_2)}.$$

$$J_2(x) = \frac{\partial(P_2(x))}{\partial(x)} = \begin{bmatrix} 1 & 0 & 0 & 0 & 0 \\ 0 & 1 & 0 & 0 & 0 \\ a_{31} & a_{32} & a_{33} & a_{34} & a_{35} \\ a_{31} & a_{42} & a_{43} & a_{44} & a_{45} \\ a_{51} & a_{52} & a_{53} & a_{54} & a_{55} \end{bmatrix}$$

avec

$$\begin{aligned}
a_{33} &= p\frac{L_q}{L_d}i_q, \\
a_{34} &= -\frac{i_d}{L_d}, \\
a_{35} &= 0, \\
a_{43} &= -p\frac{L_d}{L_q}i_d - p\frac{\phi_f}{L_q}, \\
a_{44} &= -\frac{i_q}{L_q}, \\
a_{45} &= 0, \\
a_{53} &= \frac{2R_s p L_d}{L_q^2}i_d + \frac{pR_s\phi_f}{L_q^2} - 2p^2\Omega i_q + \frac{pf_v L_d}{JL_q}i_d - \frac{pf_v}{JL_q\phi_f}, \\
a_{54} &= \frac{2R_s p}{L_q^2}i_q + \frac{pL_d}{L_q^2}\Omega i_d + \frac{p\phi_f}{L_q^2}\Omega - \frac{u_q}{L_q^2} + \frac{pL_d}{L_q^2}\Omega i_d, \\
a_{55} &= \frac{pL_d}{JL_q}i_d - p\frac{\phi_f}{JL_q}.
\end{aligned}$$

En calculant le déterminant Det_{J_2} de $J_2(x)$, nous obtenons :

$$D_{J_2} = a_{33}(a_{44}a_{55} - a_{54}a_{45}) - a_{34}(a_{43}a_{55} - a_{53}a_{45}) + a_{35}(a_{43}a_{54} - a_{53}a_{44}).$$

$$Det_{J_2} = ai_q^6 + bi_q^4 + ci_q^2, \tag{2.24}$$

avec

$$\begin{aligned} a &= -\frac{p^2(L_d - L_q)^3}{JL_q^2\phi_f^2}, \\ b &= -\frac{p^2(L_d - L_q)}{JL_q\phi_f}, \\ c &= -\frac{p^2(L_d - L_q)}{JL_q\phi_f} + \frac{p^2\phi_f(L_d - L_q)}{JL_q^2L_d^2}. \end{aligned}$$

Une condition suffisante de "l'observabilité"' de la résistance statorique et de l'observabilité du couple de charge est obtenue si :

$$ai_q^6 + bi_q^4 + ci_q^2 \neq 0 \tag{2.25}$$

Remarque 5 *La condition* (2.25) *n'est pas vérifiée pour les sous-cas suivants :*

i) $i_q = 0$

ii) $i_q = -\sqrt{\frac{-\sqrt{b^2-4ac}-b}{2a}}$

iii) $i_q = \sqrt{\frac{-\sqrt{b^2-4ac}-b}{2a}}$

iv) $i_q = -\sqrt{\frac{\sqrt{b^2-4ac}-b}{2a}}$

v) $i_q = \sqrt{\frac{\sqrt{b^2-4ac}-b}{2a}}$.

Seulement le cas i) est réaliste et peut être vérifiée à l'arrêt de la machine (les courants et les tensions sont nuls).

Remarque 6 *La condition i) ne peut être vérifiée qu'à l'arrêt de la machine (i.e. les courants et les tensions sont nuls). Ce cas particulier peut être facilement détecté par les mesures. Les autres cas peuvent être vérifiés à l'aide des paramètres de la machine. En utilisant les paramètres de la machine que nous utilisons dans la partie expérimentale, nous avons trouvé que les cas ii), iii), iv) et v) ne sont pas réalistes.*

Remarque 7 *Il est à noter que les conditions d'observabilité* (2.23) *et* (2.25) *sont suffisantes pour que la machine synchrone soit observable mais ne sont pas nécessaires.*

2.4.4 Benchmark "Commande Sans Capteur de l'Actionneur Synchrone"

Dans cette section nous rappelons le benchmark défini pour la commande sans capteur mécanique de la machine synchrone à aimants permanents. Ce benchmark a été défini dans le cadre d'un groupe de travail inter GDR MACS-SEEDS Commande des Systèmes Électriques (CSE) [73] en collaboration avec des industriels. L'objectif de ce "Benchmark commande sans capteur mécanique" est de tester et analyser les performances des algorithmes de commande sans capteur "Commande + Observateur" dans des trajectoires difficiles notamment à très basse vitesse. Dans ce benchmark les trajectoires de références (figure 2.4) sont définies de la manière suivante : à l'instant $t = 0$s les valeurs initiales de la vitesse et le couple de charge sont maintenues à zéro. Ensuite, à $t = 0.5$s la vitesse de la machine est portée à 100 rad/s et reste constante jusqu'à $t = 4$s. Dans cette phase le couple de charge est appliqué entre $t = 1.5$s et $t = 2.5$s ce qui permet d'évaluer les performances de commande sans capteur mécanique à basse vitesse avec une charge nominale. Par la suite la vitesse est portée à sa valeur nominale. Puis, à l'instant $t = 7$s le couple de charge est appliqué à nouveau. Cette phase permet d'évaluer les performances des algorithmes de commande sans capteur durant un grand transitoire de vitesse et à vitesse nominale avec couple de charge. Par la suite on décélère la machine en maintenant le couple de charge pour atteindre une vitesse nulle à l'instant $t = 13s$ Pour analyser la robustesse des algorithmes de commande sans capteur mécanique "Commande + Observateur" des tests ont été définis dans le cadre de ce benchmark par rapport à la variation des résistances statoriques (±50%) et des inductances statoriques (±20%).

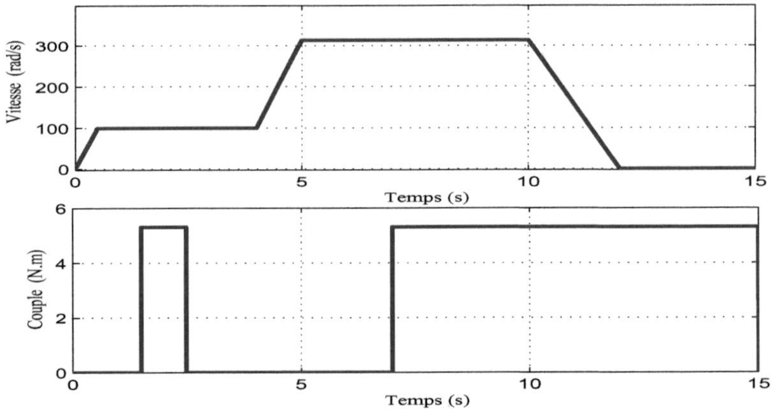

FIGURE 2.4 – Benchmark commande sans capteur mécanique de la machine synchrone à aimants permanents

Pour répondre à des besoins industriels, dernièrement une extension a été ajoutée au benchmark "commande sans capteur mécanique". L'objectif est de tester les lois de commande sans capteur mécanique dans l'autre sens de rotation avec un couple de charge dans les deux sens. Ce benchmark est illustré par la figure suivante :

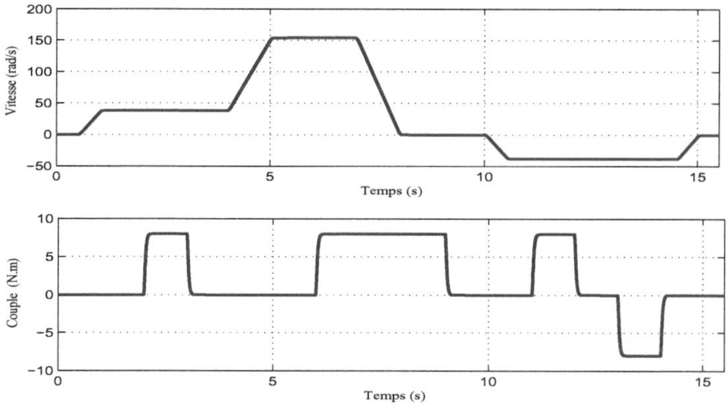

FIGURE 2.5 – Nouveau benchmark commande sans capteur mécanique de la machine synchrone à aimants permanents

2.5 Conclusion

Dans ce chapitre, nous avons présenté dans un premiers temps les différents types des machines synchrones à aimants permanents ainsi que les avantages et les applications de ce types des machines électriques.

La deuxième partie de ce chapitre a été consacrée à la modélisation de la machine synchrone à pôles saillants, nous avons tout d'abord rappelé les outils mathématiques nécessaires pour l'élaboration des modèles, puis, les différents modèles d'état non linéaires de la machine synchrone à pôles saillants et à pôles lisses ont été donnés.

Ensuite, nous avons mené en détail l'étude de l'observabilité de la machine synchrone à pôles saillants. Cette étude à été faite en utilisant le critère de rang. Pour simplifier l'analyse, l'étude de l'observabilité à été faite en deux étapes. La première dans le repère $(\alpha - \beta)$ pour la vitesse et la position et la deuxième en $(d - q)$ pour la résistance statorique et le couple de charge. De cette étude nous avons pu conclure que :

- Sans mesure de vitesse, la condition (2.23) confirme que l'observabilité de la machine synchrone à pôles saillants est possible même à vitesse nulle.
- La résistance statorique et le couple de charge sont observables si le courant i_q est différent de zéro.

A la fin de ce chapitre nous avons présenté un Benchmark de commande sans capteur défini en collaboration avec des industriels sur lequel les observateurs et les lois de commandes sans capteur seront validés dans la suite de ce travail.

Dans le chapitre suivant nous allons présenter la synthèse des observateurs non linéaires pour la commande sans capteur de la machine synchrone à pôles saillants.

Chapitre 3

Observateurs non linéaires pour la machine synchrone

3.1 Introduction

La vitesse de rotation et la position du rotor sont des informations nécessaires pour la commande des moteurs électriques. Ces informations sont obtenues généralement par un capteur placé au bout de l'arbre de la machine. Malheureusement, l'utilisation des capteurs mécaniques augmente le coût et le volume global, réduit la fiabilité et sa présence peut rendre l'arbre inaccessible. De plus, il n'est pas toujours possible de pouvoir placer un capteur au bout de l'arbre (cas des moteurs de petite taille) ou de mesurer certaines grandeurs physiques (par exemple le flux rotorique d'une machine asynchrone). Pour ces raisons, les dernières années ont vu naître un intérêt grandissant du monde industriel à minimiser le nombre de capteurs, ceci afin de diminuer le coût de mise en œuvre, faciliter la maintenance et limiter les pannes. Les observateurs (capteurs logiciels) ont été proposés comme une solution à ce problème pour remplacer les capteurs mécaniques. Un observateur est un système auxiliaire qui permet d'estimer de façon dynamique l'état et/ou des entrées non mesurées. Les observateurs peuvent être de type continu linéaire [74] ou non linéaire [75] ou discret [76]. Leurs applications sont aussi multiples : elles vont de l'électrotechnique [77] à la robotique [78] en passant par la biologie sans être exhaustif.

3.2 Les techniques d'observation de la machine synchrone

Tenant compte de tous les inconvénients dûs au fonctionnement avec capteur mécanique, des recherches ont été largement menées dans les deux dernières décennies pour minimiser le nombre des capteurs. La recherche et le développement de nouvelles méthodes et de techniques de commande sans capteur continuent d'être soutenus par le fait que les performances obtenues ne sont pas satisfaisantes. Ces techniques peuvent être classées sous deux grandes catégories :

3.2.1 Les techniques sans modèle

Méthodes basées sur la saillance du rotor

La saillance de la partie mobile (le rotor) de la machine synchrone à pôles saillants a été exploitée pour extraire la position du rotor, [79], [42], [36], [80], [39].

La méthode d'injection des signaux à haute fréquence est une parmi les techniques qui exploitent l'anisotropie magnétique de la MSAPPS. Cette technique est indépendante des paramètres du moteur et consiste à injecter un signal d'excitation supplémentaire (tension ou courant) à haute fréquence indépendant de l'alimentation fondamentale de la machine. Le signal injecté superposé à la tension fondamentale de stator de l'entraînement peut être [36] une tension alternative à haute fréquence [81], des impulsions de tension discrète [82] ou un signal modifié de la Modulation de Largeur d'Impulsion (MLI) [83]. Si la machine présente des saillances, le signal résultant de l'injection contient des informations sur la position du rotor, cette information sera extraite par la suite en analysant les courants statoriques par des techniques de traitement de signal.

Les techniques basées sur cette idée ont montré des bonnes performances notamment à l'arrêt et à basse vitesse. Cependant, les signaux injectés à haute fréquence peuvent également causer des ondulations indésirables au niveau du couple notamment à vitesse moyenne et à haute vitesse. Elles provoquent des bruits acoustiques ainsi que des pertes fer qui réduisent le rendement du système.

Intelligence artificielle

Les techniques d'observations basées sur la logique floue, les réseaux de neurones et l'intelligence artificielle ont été présentées pour la commande sans capteur de la machine synchrone à pôles saillants [44], [84], [45]. Ces méthodes complètement différentes des méthodes d'observations basées sur les modèles du moteur synchrone. Ces méthodes sont connues par le rejet de bruit, la facilité de modification et par leur robustesse vis-à-vis les variations paramétriques.

Néanmoins, les méthodes basées sur les techniques d'intelligence artificielle sont relativement compliquées et nécessitent un temps de calcul important. La mise en œuvre de ces techniques est généralement faite par l'utilisation d'un microprocesseur de haute performance et coûteux ou avec un DSP qui ne sont pas toujours financièrement adaptés pour les systèmes d'entraînement.

3.2.2 Les techniques basées sur le modèle de la machine

Force électromotrice étendue

Du fait de leur simplicité, la plupart des travaux proposés pour la commande sans capteur des machines synchrones sont basés sur l'estimation de la force électromotrice (F.E.M) [8], [9], [8] [85], puisque cette dernière est la seule grandeur électrique capable de fournir des informations instantanées sur les variables mécaniques. Suivant le repère utilisé pour l'estimation de la force électromotrice, cette technique peut se classer en deux catégories. La première technique est utilisée dans le repère lié au stator et consiste à estimer les deux composantes de la force électromotrice. Ensuite et à partir de l'argument et du module du vecteur de la F.E.M estimée les grandeurs mécaniques peuvent être facilement déduites. La deuxième technique consiste à estimer les deux composantes de la force électromotrice dans un repère tournant virtuel. La composante directe de la F.E.M devient nulle lorsque le repère virtuel coïncide avec le repère (d, q) lié au rotor. Donc l'idée ici est de synchroniser le repère (d, q) avec le repère virtuel en modifiant la vitesse et la position de ce dernier. Ce qui permet de déduire directement la vitesse et la position du rotor à partir du repère virtuel.

Cependant, cette méthode ne peut pas être appliquée directement dans le cas de la machine synchrone à pôles saillants car l'information de la position est contenue non seulement dans la force électromotrice, mais aussi dans les inductances statoriques en raison de leur saillance [40]. Pour résoudre ce problème, plusieurs tentatives ont été faites [86], [87], où le concept de la force électromotrice étendue (F.E.M.E) est introduit. La force électromotrice étendue contient les informations de position à partir de la F.E.M classique, mais aussi dans les inductances statoriques. Ceci permet d'obtenir la position du rotor et de la vitesse par l'estimation de la F.E.M.E, soit dans le repère lié au stator [86] ou en utilisant un repère virtuel [87].

En plus de sa sensibilité aux variations paramétriques, les performances de cette technique se dégradent en basse vitesse, car dans cette zone (basse vitesse) la F.E.M.E devient trop faible devant les incertitudes sur le modèle et le bruit de mesure. [36] a proposé une solution à ce problème en appliquant la technique d'injection de signaux à haute fréquence à basse vitesse y compris à l'arrêt. Au-delà, la technique d'estimation de la FEME prend le relais.

Observateur de Luenberger

Cet observateur est introduit par [88] [74], consiste à estimer les états non mesurables des systèmes linéaires. La différence entre le filtre de Kalman et l'observateur de Luenberger réside dans la matrice de gain de retour. Le gain dans l'observateur de Luenberger est obtenu par l'analyse de la stabilité de système. Soit le système suivant :

$$\begin{aligned} \dot{x}(t) &= Ax(t) + Bu(t) \\ y &= Cx(t) \end{aligned} \tag{3.1}$$

A et B sont des matrices à valeurs réelles constantes.

L'observateur de Luenberger associé au système (3.1) est de la forme :

$$\dot{\hat{x}}(t) = A\hat{x}(t) + Bu(t) + K(y - C\hat{x}) \tag{3.2}$$

où le gain de correction K est appelé gain de l'observateur et constitue la grandeur de réglage. La stabilité de cet observateur est obtenue en choisissant les valeurs propres de $A - KC$ dans la partie gauche du plan complexe.

Ce type d'observateur à été proposé pour la commande sans capteur des entrainements électriques [25], [89], [90]. Cette technique fonctionne correctement sauf à très basses vitesses. Dans [91] il a été montré que l'observateur de Luenberger diverge brutalement lorsque la machine fonctionne à basse vitesse. Dans [90] il est proposé un observateur de type Luenberger pour la commande sans capteur de la machine synchrone à aimant permanent. Pour améliorer les performances de l'observateur vis-à-vis des variations paramétriques l'auteur a associé un filtre de Kalman à l'observateur de Luenberger pour l'estimation en ligne des paramètres.

Contrairement au filtre de Kalman, ce type d'observateur néglige l'effet des incertitudes sur le modèle et la présence de bruit. Il devient donc rapidement instable lorsqu'un des effets cités ci-avant survient [92].

Filtre de Kalman

Proposé par [93], le filtre de Kalman est un observateur d'état optimal pour un contexte stochastique défini : il permet la reconstruction de l'état d'un système à partir des signaux d'entrée et de mesures, à l'aide de son modèle dynamique échantillonné. [11], [12], [13], [14], [15], [16] des auteurs ont proposé des techniques d'observations en utilisant le filtre de Kalman étendu (FKE) pour estimer la vitesse et la position du moteur synchrone à pôles saillants. Contrairement aux techniques basées sur l'estimation de la force électromotrice étendue, il a été montré [94] que le filtre de Kalman étendu reste exploitable à basse vitesse si les paramètres de la machine sont bien connus [95] qui n'est généralement pas le cas. L'inconvénient majeur de ces observateurs est le temps de calcul dû à la complexité du gain de correction, de plus ils nécessitent une initialisation bien précise. Dans [96], le temps de calcul du filtre de Kalman a été réduit de 21% en gardant ses performances par l'utilisation d'un observateur dit filtre de Kalman à deux niveaux. En plus du problème de temps de calcul, il est difficile de garantir la convergence du système en boucle fermée (filtre de Kalman + commande).

Les observateurs basés sur les modes glissants

Les observateurs basés sur les modes glissants ont été proposés pour la commande sans capteur du moteur synchrone [97], [98], [23], [99] [100]. Cette technique s'inscrit dans la théorie des systèmes à structures variables. Comparativement à d'autres observateurs, la technique des modes glissants dispose d'avantages indéniables tels que la robustesse vis-à-vis des perturbations externes et internes (variations paramétriques). La fonction discontinue sign est utilisée dans le terme de correction des observateurs par modes glissants, cette fonction consiste à contraindre les dynamiques d'un système d'ordre n à évoluer en temps fini sur un variable S, dite surface de glissement. Le phénomène de chattering est l'inconvénient principal des modes glissants classiques (d'ordre 1) et devient souvent un frein aux applications pratiques. Récemment des efforts importants ont été faits afin de réduire ce phénomène. Une des solutions proposées est la technique des modes glissants d'ordre supérieur [101] [102]. En plus des avantages des modes glissants classiques (robustesse et convergence en temps fini), les modes glissants d'ordre supérieur permettent l'atténuation du phénomène de chattering et l'amélioration des performances (précision).

Les techniques basées sur le modèle de la machine souffrent des problèmes des variations paramétriques [103], [90], c'est pourquoi, quelques chercheurs ont proposé des techniques d'estimation en ligne des paramètres de la machine synchrone comme l'estimation de la résistance statorique [104], [105], [62], [106] et de l'inductance statorique dans [107], [108].

3.2.3 Détection de la position initiale du rotor

L'estimation de la position initiale du rotor de la machine synchrone à pôles saillants est largement abordée dans la littérature. Plusieurs méthodes ont été développées pour détecter la position initiale, parmi lesquelles on peut citer :

- Technique basée sur l'injection des signaux à hautes fréquences [109].
- Technique basée sur la mesure de l'inductance de phase [110].
- Technique basée sur l'application des impulsions de tension [11].
- Technique basée sur la saturation magnétique de la machine [40], [111].

Vu ces travaux existants dans la littérature, le problème de détection de la position initiale du rotor de la machine synchrone à pôles saillants semble résolu. Pour cela dans nos travaux nous considérons que la position initiale du rotor est connue.

Dans ce chapitre nous proposons deux techniques d'élaboration d'observateurs non linéaires pour la machine synchrone. Le premier est un observateur adaptatif interconnecté (Kalman like observer [112]). Cet observateur à été utilisé pour la machine à pôles lisses et la machine à pôles saillants. Le deuxième observateur est basé sur les modes glissants d'ordre supérieur en appliquant l'algorithme "Super Twisting" [113] et en l'adaptant au cas MIMO. Les objectifs de ces observateurs sont de reconstruire d'une part les variables mécaniques non mesurées (vitesse et position) afin de remplacer les capteurs matériels et d'autre part le couple de charge, la résistance et l'inductance (pour la machine à pôles lisses) statoriques afin de rendre la commande moins sensible aux perturbations externes et aux variations paramétriques. [114] [115] [116]

3.3 Stabilité pratique

Plusieurs techniques ont été utilisées pour prouver la stabilité des systèmes non linéaires. La théorie de stabilité au sens de Lyapunov apparue au 19e siècle donne une condition suffisante pour la stabilité des systèmes non linéaires. Cette technique est largement utilisée surtout dans les applications réelles. Pour ces applications, la stabilité asymptotique est très importante. Dans la pratique, cette notion de stabilité asymptotique est restrictive car elle impose que le comportement dynamique du système tende exactement (d'une manière asymptotique) vers un point d'équilibre stable. En réalité, ce n'est pas toujours possible du fait de la structure des équations modélisant le système, des incertitudes paramétriques (comme dans le cas des entraînements électriques) dans ces équations et des nombreuses perturbations non mesurables agissant sur ce système. La stabilité pratique a été introduite par [117] pour résoudre ce problème, il s'agit de garantir que l'état du système converge vers une région spécifique de l'espace d'état et y reste. Vu les incertitudes paramétriques de la machine synchrone, la stabilité pratique est le plus souvent nécessaire pour garantir la convergence des erreurs d'estimations des observateurs. Pour ce faire, dans cette section nous introduisons la notion de la stabilité pratique et nous allons rappeler quelques propriétés suffisantes de cette stabilité.

Soit le système :

$$\dot{e} = f(t, e), \qquad e(t_0) = e_0 \qquad t_0 \geq 0 \tag{3.3}$$

DÃľfinition 5 *[117]*

Le système (3.3) est dit :

- *(***PS1***) :* **pratiquement stable** *si, pour* $(\hbar_1, \hbar_2)$ *donnés avec* $0 < \hbar_1 < \hbar_2$*, on a*

$$\|e_0\| \leq \hbar_1 \Rightarrow \|e(t)\| \leq \hbar_2, \quad t \geq t_0,\ t_0 \in \mathbb{R}_+.$$

- *(***PS2***) :* **pratiquement uniformément stable** *si (***PS1***) est vrai* $\forall t_0 \in \mathbb{R}_+$.

- *(***PS3***) :* **pratiquement quasi stable** *si, pour* $\hbar_1$*,* $\Im$ *et* T *des constantes positives et* $t_0 \in \mathbb{R}_+$*, on a*

$$\|e_0\| \leq \hbar_1 \Rightarrow \|e(t)\| \leq \Im, \quad t \geq t_0 + T.$$

- (**PS4**) : **pratiquement uniformément quasi stable** *si* (**PS3**) *est vrai* $\forall t_0 \in \mathbb{R}_+$.

- (**PS5**) : **pratiquement fortement stable** *si* (**PS1**) *et* (**PS3**) *sont simultanément vrai.*

- (**PS6**) : **pratiquement fortement uniformément stable** *si* (**PS2**) *et* (**PS4**) *sont simultanément vraies.*

- (**PS7**) : **pratiquement instable** *si* (**PS1**) *n'est pas vérifié.*

3.3.1 Critère de la stabilité pratique

Avant de donner les différents critères, on définit la classe de fonction suivante
$\mathbf{W} = \{d_1 \in C[\mathbb{R}_+, \mathbb{R}_+] : d_1(l)$ une fonction strictement croissante et $d_1(l) \to \infty$ quand $l \to \infty\}$.
soit $B_r = \{e \in \mathbb{R}^n : \|e\| \leq r\}$ (B_r est une boule de rayon r).

ThÃľorÃĺme 2 *[117]*

Supposons que :

i) $\hbar_1, \hbar_2$ *sont connus tel que* $0 < \hbar_1 < \hbar_2$;

ii) $V \in C[\mathbb{R}_+ \times \mathbb{R}^n, \mathbb{R}_+]$ *une fonction de Lyapunov,* $V(t,e)$ *est Lispschitz par rapport* e ;

iii) *pour* $(t,e) \in \mathbb{R}_+ \times B_{\hbar_2}$, $d_1(\|e\|) \leq V(t,e) \leq d_2(\|e\|)$ *et*

$$\dot{V}(t,e) \leq \wp(t, V(t,e)) \tag{3.4}$$

où d_1, $d_2 \in \boldsymbol{W}$ *et* $\wp \in C[\mathbb{R}_+^2, \mathbb{R}]$;

iv) $d_2(\hbar_1) < d_1(\hbar_2)$ *est vérifié.*

Alors, les propriétés de la stabilité pratique de :

$$\dot{l} = \wp(t,l), \quad l(t_0) = l_0 \geq 0, \tag{3.5}$$

implique les propriétés de la stabilité pratique du système (3.3).

Corollaire 1 *[117]*

Dans le théorème 1, *si* $\wp(t,l) = -\alpha_1 l + \alpha_2$, *avec* α_1 *et* α_2, *des constantes positives, cela implique la stabilité pratique forte uniforme du système* (3.3).

Remarque 8 *Une analyse de l'observabilité similaire à celle de l'état de la machine à pôles saillants a été développée pour l'identifiabilité de l'inductance et la résistance statorique et l'observabilité du couple de charge de la machine synchrone à pôles lisses. L'identifiabilité des paramètres électriques (l'inductance et la résistance) et l'observabilité du couple de charge est possible si* $\frac{v_d^2}{L_s^3 - 2p\Omega} \neq 0$.

3.4 Observateur Adaptatif Interconnecté pour la MSAPPL

[70] [118]

Un observateur adaptatif interconnecté a été proposé dans [62] pour la commande sans capteur de la machine synchrone à pôles lisses avec l'estimation en ligne de la résistance statorique. Les tests de robustesse de cet observateur vis-à-vis des variations paramétriques ont montré sa sensibilité devant les variations de l'inductance statorique [61]. Pour résoudre ce problème, nous avons proposé une extension pour cet observateur [70] afin d'estimer l'inductance statorique en ligne et le rendre robuste vis-à-vis de ses variations. Dans cette section nous proposons une nouvelle configuration de l'observateur adaptatif interconnecté présenté dans [62] qui estime la résistance et l'inductance statorique et en plus le couple de charge. La stabilité pratique de cet observateur est prouvée en utilisant la théorie introduite dans la section précédente. A la fin de cette section, nous montrons quelques résultats expérimentaux de l'observateur proposé.

3.4.1 Synthèse de l'observateur adaptatif

Le couple de charge, l'inductance statorique et la résistance sont supposés des fonctions du temps constantes par morceaux. Ce choix est fait en l'absence d'aucune information sur la dynamique de la perturbation pour le couple de charge (entrée inconnue mais bornée). De plus, la constante de temps thermique est très grande devant les constantes de temps électriques et mécaniques du système (les variations des résistances sont dues aux variations de température). Leurs dynamiques sont données par :

$$\dot{T}_l = 0, \qquad \dot{R}_s = 0, \qquad \dot{L}_s = 0. \tag{3.6}$$

Un modèle étendu de la machine synchrone à pôles lisses (2.16), peut être réécrit sous la forme suivante :

$$\begin{aligned} \dot{x} &= f(x) + g(x)u \\ y &= h(x) \end{aligned} \tag{3.7}$$

où $x = (i_d, i_q, \Omega, T_l, R_s, L_s)^T$, $u = (u_d, u_q)^T$, et $y = (h_1, h_2)^T = (i_d, i_q)^T$,

$$f(x) = \begin{pmatrix} -\frac{R_s}{L_s} i_d + p\Omega i_q \\ -\frac{R_s}{L_s} i_q - p\Omega i_d - p\frac{1}{L_s}\phi_f\Omega \\ -\frac{f_v}{J}\Omega + \frac{p}{J}\phi_f i_q - \frac{1}{J}T_l \\ 0 \\ 0 \\ 0 \end{pmatrix}, \qquad g(x) = \begin{pmatrix} \frac{1}{L_s} & 0 \\ 0 & \frac{1}{L_s} \\ 0 & 0 \\ 0 & 0 \\ 0 & 0 \\ 0 & 0 \end{pmatrix}.$$

Le modèle étendu de la machine synchrone à pôles lisses (3.7) peut être vu comme une interconnexion entre les deux sous-systèmes (3.8) et (3.9) :

$$\Sigma_1 : \begin{cases} \dot{X}_1 = A_1(u_1)X_1 + g_1(X_2, y_2) + \Phi(y_1)\eta \\ y_1 = C_1 X_1 \end{cases} \tag{3.8}$$

$$\Sigma_2 : \begin{cases} \dot{X}_2 = A_2(X_1)X_2 + g_2(X_1, y_2, u, \eta) \\ y_2 = C_2 X_2 \end{cases} \tag{3.9}$$

où

$$A_1(u_1) = \begin{bmatrix} 0 & v_d \\ 0 & 0 \end{bmatrix}, \quad A_2(X_1) = \begin{bmatrix} 0 & -pi_d - p\frac{\phi_f}{L_s} & 0 \\ 0 & -\frac{f_v}{J} & -\frac{1}{J} \\ 0 & 0 & 0 \end{bmatrix}, \quad g_1(X_2, y_2) = \begin{bmatrix} p\Omega i_q \\ 0 \end{bmatrix},$$

$$\Phi(y_1) = \begin{bmatrix} -i_d \\ 0 \end{bmatrix}, \quad g_2(X_1, y_2, u, \eta) = \begin{bmatrix} -i_q\frac{R_s}{L_s} + \frac{1}{L_s}v_q \\ p\frac{\phi_f}{J}i_q \\ 0 \end{bmatrix}, C_1 = [1\ 0], \quad C_2 = [1\ 0\ 0].$$

avec $X_1 = \left[i_d\ L_s{}^{-1}\right]^T$, $X_2 = [i_q\ \Omega\ T_l]^T$ sont les variables d'état, $u = [v_d\ v_q]^T$ sont les entrées de commande, et $y = (y_1, y_2)^T = [i_d\ i_q]^T$ sont les sorties mesurées de la machine synchrone à pôles lisses, et $\eta = \frac{R_s}{L_s}$.

Objectif : ***L'objectif ici est de construire d'une part un observateur pour le sous-système*** (3.8) ***pour estimer l'inductance et la résistance statorique et d'autre part un observateur pour le sous-système*** (3.9) ***pour observer la vitesse et le couple de charge.***

DÃľfinition 6 *Nous définissons un domaine physique $\mathcal{D}$ de fonctionnement de la machine synchrone à pôles lisses par :*

$$\mathcal{D} = \{X \in \mathbb{R}^6 |\ |i_d| \leq I_d^{max},\ |i_q| \leq I_q^{max},\ |\Omega| \leq \Omega^{max}, |T_l| \leq T_l^{max},\ |R_s| \leq R_s^{max}, |L_s| \leq L_s^{max}\}$$

avec $X = [\ i_d\ i_q\ \Omega\ T_l\ R_s\ L_s]^T$ et I_d^{max}, I_q^{max}, Ω^{max}, T_l^{max} , R_s^{max} et L_s^{max} sont les valeurs maximales physiquement possibles des courants, de la vitesse, du couple de charge, de la résistance statorique et de l'inductance statorique, respectivement.

Ce domaine physique sera utilisé pour le calibrage des gains des observateurs et des commandes. Ensuite un observateur adaptatif sera développé pour la commande sans capteur de la machine synchrone à pôles lisses basé sur l'interconnexion des observateurs (3.8) et (3.9).

Remarque 9

1. *Le triplet (u_1, X_2, y_2) et le couple (u_2, X_1) sont respectivement considérés comme des entrées pour les sous-systèmes (Σ_1) et (Σ_2). Les solutions de $\dot{S}_1$ et $\dot{S}_2$ [118] (définies dans le lemme ci-après) sont des matrices symétriques définies positives.*

2. *Lorsque la machine synchrone fonctionne dans une zone observable, u et y_1 sont des entrées régulièrement persistantes : la stabilité asymptotique de l'observateur sera prouvée.*

3. *Lorsque la MSAPPL fonctionne dans la zone inobservable ($\omega = 0$), u et y_2 ne sont pas des entrées régulièrement persistantes : dans ce cas la stabilité pratique de l'observateur sera prouvée.*

Remarque 10 *il est facile de vérifier que*

1. *$g_1(X_2, y_2)$ est globalement Lipschitz par rapport à X_2.*

2. *$g_2(X_1, \eta, u, y_2)$ est globalement Lipschitz par rapport X_1, η, uniformément par rapport à u, y.*

Les observateurs adaptatifs pour les sous-systèmes (3.8) et (3.9) sont alors donnés par :

$$O_1 : \begin{cases} \dot{Z}_1 &= A_1(u)Z_1 + \Phi(y_1)\hat{\eta} + g_1(Z_2, y_2) + (\Lambda S_\eta^{-1}\Lambda^T C_1^T + \Gamma S_1^{-1} C_1^T)(y_1 - \hat{y}_1) \\ \dot{\hat{\eta}} &= S_\eta^{-1}\Lambda^T C_1^T (y_1 - \hat{y}_1) \\ \dot{S}_1 &= -\rho_1 S_1 - A_1(u)^T S_1 - S_1 A_1(u) + C_1^T C_1 \\ \dot{S}_\eta &= -\rho_\eta S_\eta + \Lambda^T C_1^T C_1 \Lambda \\ \dot{\Lambda} &= (A_1(u) - \Gamma S_1^{-1} C_1^T C_1)\Lambda + \Phi(y_1) \\ \hat{y}_1 &= C_1 Z_1 \end{cases} \tag{3.10}$$

$$O_2 : \begin{cases} \dot{Z}_2 &= A_2(Z_1)Z_2 + g_2(Z_1, \widehat{\eta}, u, y) + S_2^{-1} C_2^T (y_2 - \hat{y}_2) \\ \dot{S}_2 &= -\rho_2 S_2 - A_2^T(Z_1) S_2 - S_2 A_2(Z_1) + C_2^T C_2 \\ \hat{y}_2 &= C_2 Z_2 \end{cases} \tag{3.11}$$

avec $Z_1 = \left[\hat{i}_d \; \hat{L}_s^{-1}\right]^T$, $Z_2 = \left[\hat{i}_q \; \hat{\Omega} \; \hat{T}_l\right]^T$ et $\hat{\eta} = \frac{\hat{R}_s}{\hat{L}_s}$ sont les états estimés des variables X_1 et X_2 et η respectivement. $\rho_1, \rho_2, \rho_\eta$ sont des constantes positives, S_1 et S_2 sont des matrices constantes positives, avec $S_1(0) > 0$. S_η est le gain dynamique (scalaire) de la partie adaptative de l'observateur.

$$\Gamma = \begin{bmatrix} 1 & 0 \\ 0 & \alpha \end{bmatrix}$$

avec α est une constante positive, $\Lambda S_\eta^{-1}\Lambda^T C_1^T + \Gamma S_1^{-1} C_1^T$ est le gain de l'observateur (3.10) et $S_2^{-1} C_2^T$ est le gain de l'observateur (3.11).

Lemme 1 *[119] Supposons que v soit une entrée régulièrement persistante pour les systèmes affines en état (3.8) et (3.9). Considérons une équation différentielle de Lyapunov :*

$$\dot{S}(t) = -\rho S(t) - A^T(v(t))S(t) - S(t)A(v(t)) + C^T C.$$

avec $S(0) > 0$, donc $\exists \rho_0, \forall \eta_S \geq \rho_0, \quad \exists \alpha > 0, \beta > 0, t_0 > 0$ tel que

$$\forall t_0, \quad \alpha I \leq S(t) \leq \beta I$$

où I est la matrice identité.

Remarque 11 *Il est à noter que pour le sous-système (3.8), $v = u$ et $S(t) = S_1$, et pour le sous-système (3.9), $v = X_1$ et $S(t) = S_2$. De plus, selon le Lemme 1, la matrice S_i est inversible.*

3.4.2 Analyse de la stabilité pratique de l'observateur adaptatif avec incertitudes paramétriques

La machine synchrone est soumise à des incertitudes paramétriques qui affectent la dynamique de son comportement. Dans cette section nous analysons la stabilité de l'observateur adaptatif en prenant en compte les incertitudes des paramètres de la machine. Pour ce faire, nous utilisons la notion de la stabilité pratique introduite précédemment. Considérons le système interconnecté de la machine avec des incertitudes paramétriques représenté sous la forme suivante :

$$\Sigma_1 : \begin{cases} \dot{X}_1 &= A_1(u)X_1 + g_1(X_2, y_2) + \Phi(y_1)\eta \\ y_1 &= C_1 X_1 \end{cases} \tag{3.12}$$

$$\Sigma_2 : \begin{cases} \dot{X}_2 &= A_2(X_1)X_2 + g_2(X_1, \eta, u, y) + \Delta A_2 X_2 + \Delta g_2 \\ y_2 &= C_2 X_2 \end{cases} \tag{3.13}$$

où ΔA_2 et Δg_2 sont les incertitudes paramétriques des termes $A_2(X_1)$ and $g_2(X_2, \eta, u, y)$, respectivement.

De cette façon, les termes incertains sont donnés par :

$$\Delta A_2(\cdot) = \begin{bmatrix} 0 & p\frac{\Delta\Phi_f}{L_s} & 0 \\ 0 & \frac{\Delta f_v}{\Delta J} & \frac{1}{\Delta J} \\ 0 & 0 & 0 \end{bmatrix}, \Delta g_2(\cdot) = \begin{bmatrix} 0 \\ -\frac{\Delta\Phi_f}{\Delta J} i_q \\ 0 \end{bmatrix}.$$

En considérant le domaine physique $\mathcal{D}$ de fonctionnement de la machine synchrone dans lequel le système sera initialisé et dans lequel seront prises les trajectoires de références, il existe $\chi_i > 0$, for $i = 1, 2$; tels que :

$$\|\Delta A_2\| \leq \chi_1, \qquad \|\Delta g_2\| \leq \chi_2. \tag{3.14}$$

Les paramètres χ_i, $i = 1, 2$; sont des constantes positives représentent les valeurs maximales de $\Delta A_2(\cdot)$ et $\Delta g_2(\cdot)$ dans le domaine physique $\mathcal{D}$. Nous définissons les erreurs d'estimations suivantes :

$$\epsilon_1' = X_1 - Z_1, \qquad \epsilon_2 = X_2 - Z_2, \qquad \epsilon_3 = \eta - \hat{\eta}. \tag{3.15}$$

Á partir des équations (3.11)-(3.10) et (3.12)-(3.13), les dynamiques des erreurs d'estimations sont :

$$\begin{aligned} \dot{\epsilon'}_1 &= [A_1(u) - \Lambda S_\eta^{-1}\Lambda^T C_1^T C_1 + S_1^{-1} C_1^T C_1]\epsilon_1' \\ &\quad + \Phi(y)\epsilon_3 + g_1(X_2, y) - g_1(Z_2, y) \\ \dot{\epsilon}_2 &= [A_2(Z_1) - S_2^{-1} C_2^T C_2]\epsilon_2 + [A_2(X_1) - A_2(Z_1)]X_2 \\ &\quad + g_2(X_1, \eta, u, y) - g_2(Z_1, \widehat{\eta}, u, y) + \Delta A_2 X_2 + \Delta g_2 \\ \dot{\epsilon}_3 &= -S_\eta^{-1}\Lambda^T C_1^T C_1 \epsilon_1'. \end{aligned} \tag{3.16}$$

Suivant [120], et en appliquant la transformation $\epsilon_1 = \epsilon_1' - \Lambda\epsilon_3$, les erreurs d'estimations deviennent :

$$\begin{aligned}
\dot{\epsilon}_1 &= [A_1(u) - S_1^{-1}C_1^T C_1]\epsilon_1 + g_1(X_2, y) - g_1(Z_2, y) \\
\dot{\epsilon}_2 &= [A_2(Z_1) - S_2^{-1}C_2^T C_2]\epsilon_2 + [A_2(X_1) - A_2(Z_1)]X_2 \\
&\quad + g_2(X_1, \eta, u, y) - g_2(Z_1, \widehat{\eta}, u, y) + \Delta A_2 X_2 + \Delta g_2 \\
\dot{\epsilon}_3 &= -[S_\eta^{-1}\Lambda^T C_1^T C_1]\{\epsilon_1 + \Lambda\epsilon_3\}.
\end{aligned} \tag{3.17}$$

Comme u et X_1 sont les entrées des sous-systèmes (3.8) et (3.9) respectivement, du Lemme 1, il existe des constantes réelles $t_0 \geq 0$, $\eta_{S_i}^{max} > 0$, $\eta_{S_i}^{min} > 0$, indépendantes de ρ_i, tel que $V(t, \epsilon_i) = \epsilon_i^T S_i \epsilon_i$ pour $i = 1, 2, \eta$; vérifient l'inégalité suivante :

$$\eta_{S_i}^{min} \|\epsilon_i\|^2 \leq V(t, \epsilon_i) \leq \eta_{S_i}^{max} \|\epsilon_i\|^2, \quad \forall t \geq t_0. \tag{3.18}$$

A partir de ce résultat on peut établir le théorème suivant sur la convergence de l'observateur sous incertitudes paramétriques

TheorÃÍme 1 *Considérons le système* (3.8)-(3.9). *Le système (3.10)-(3.11) est un observateur adaptatif interconnecté pour le système* (3.8)-(3.9),*alors, la dynamique des erreurs* (3.17) *est pratiquement fortement uniformément stable.*

Preuve du Théorème 1.

Considérons la fonction candidate de Lyapunov suivante :

$$V_o = \epsilon_1^T S_1 \epsilon_1 + \epsilon_2^T S_2 \epsilon_2 + \epsilon_3^T S_\eta \epsilon_3,$$

avec S_i pour $i = 1, 2, 3$, définie positive (voir Lemme 1). Sa dérivée temporelle est donnée par :

$$\begin{aligned}
\dot{V}_o &= -\rho_1\epsilon_1^T S_1\epsilon_1 - \rho_2\epsilon_2^T S_2\epsilon_2 - \rho_\eta\epsilon_3^T S_\eta\epsilon_3 + \epsilon_1^T S_1\{g_1(X_2, y) - g_1(Z_2, y)\} \\
&\quad + \epsilon_2^T S_2\{[A_2(X_1) - A_2(Z_1)]X_2 + g_2(X_1, \eta, u, y) \\
&\quad - g_2(Z_1, \widehat{\eta}, u, y) + \Delta A_2 X_2 + \Delta g_2\}.
\end{aligned} \tag{3.19}$$

D'après le lemme 1 et en prenant les conditions initiales de l'observateur dans le domaine physique de fonctionnement $\mathcal{D}$, on a :

$$\begin{aligned}
&\|S_1\| \leq \mu_1, \qquad \|S_2\| \leq \mu_2, \qquad \|S_\eta\| \leq \mu_3, \\
&\|g_2(X_1, \eta) - g_2(Z_1, \widehat{\eta})\| \leq k_1\|\epsilon_1\| + k_2\|\epsilon_3\| \\
&\|A_2(X_1) - A_2(Z_1)\| \leq k_3\|\epsilon_1\| \\
&\|g_1(X_2) - g_1(Z_2)\| \leq k_4\|\epsilon_2\| \\
&\|\Delta A_2 X_2 + \Delta g_2\| \leq k_5 \\
&\|X_2\| \leq k_6.
\end{aligned} \tag{3.20}$$

En substituant l'équation (3.20) dans (3.19) et en regroupant les termes communs $\|\epsilon_1\|$, $\|\epsilon_2\|$ and $\|\epsilon_3\|$, la dérivé temporelle de V_o satisfait la condition :

$$\begin{aligned}
\dot{V}_o &\leq -\rho_1\epsilon_1^T S_1\epsilon_1 - \rho_2\epsilon_2^T S_2\epsilon_2 - \rho_\eta\epsilon_3^T S_\eta\epsilon_3 \\
&\quad + \lambda_1\|\epsilon_1\|\|\epsilon_2\| + \lambda_2\|\epsilon_2\|\|\epsilon_3\| + \lambda_3\|\epsilon_2\|^2 + \lambda_4\|\epsilon_2\|
\end{aligned} \tag{3.21}$$

où $\lambda_1 = \{\mu_1 k_4 + \mu_2 k_1 + \mu_2 k_6 k_3\}$, $\lambda_2 = \mu_2 k_2$, $\lambda_3 = \mu_2 k_4$, $\lambda_4 = \mu_2 k_5$.

En écrivant l'inégalité (3.21) en fonction de V_1, V_2 et V_3, il suit que :

$$\begin{aligned}\dot{V}_o &\leq -\rho_1 - V_1 - \rho_2 V_2 - \rho_\eta V_3 + 2\tilde{\lambda}_1\sqrt{V_1}\sqrt{V_2} \\ &\quad +2\tilde{\lambda}_2\sqrt{V_2}\sqrt{V_3} + 2\tilde{\lambda}_3 V_2 + 2\tilde{\lambda}_4\sqrt{V_2}\end{aligned} \tag{3.22}$$

où

$$\tilde{\lambda}_1 = \frac{\lambda_1}{\sqrt{\eta_{S_1}^{min}}\sqrt{\eta_{S_2}^{min}}}, \quad \tilde{\lambda}_2 = \frac{\lambda_2}{\sqrt{\eta_{S_2}^{min}}\sqrt{\eta_{S_\eta}^{min}}}, \quad \tilde{\lambda}_3 = \frac{\lambda_3}{\eta_{S_2}^{min}}, \quad \tilde{\lambda}_4 = \frac{\lambda_4}{\sqrt{\eta_{S_2}^{min}}}.$$

Considérons les inégalités suivantes :

$$\begin{aligned}&\sqrt{V_1V_2} \leq \tfrac{\varphi_1}{2}V_1 + \tfrac{1}{2\varphi_1}V_2, \quad \sqrt{V_2}\sqrt{V_3} \leq \tfrac{\varphi_2}{2}V_2 + \tfrac{1}{2\varphi_2}V_3; \\ &\forall\varphi_i \in]0,1[, \quad (i=1,2).\end{aligned} \tag{3.23}$$

En substituant (3.23) dans (3.22), nous obtenons :

$$\begin{aligned}\dot{V}_o &\leq -(\rho_1 - \tilde{\lambda}_1\varphi_1)V_1 - (\rho_2 - \tilde{\lambda}_2\varphi_2 - \tfrac{\tilde{\lambda}_1}{\varphi_1} - \tilde{\lambda}_3)V_2 \\ &- \quad (\rho_\eta - \tfrac{\tilde{\lambda}_2}{\varphi_2})V_3 + \tilde{\lambda}_4\,\|\epsilon_2\|,\end{aligned} \tag{3.24}$$

et par conséquent

$$\begin{aligned}\dot{V}_o &\leq -\delta(V_1+V_2+V_3) + \mu(\sqrt{V_1}+\sqrt{V_2}) \\ &\leq -\delta V_o + \mu\psi\sqrt{V_o},\end{aligned} \tag{3.25}$$

avec $\delta = min(\delta_1, \delta_2, \delta_3)$, $\psi\sqrt{V_1+V_2+V_3} > \sqrt{V_1}+\sqrt{V_2}$, $\mu = \tilde{\lambda}_4$ et $\psi > 0$,

où

$$\begin{aligned}&\delta_1 = \rho_1 - \tilde{\lambda}_1\varphi_1 > 0, \\ &\delta_2 = \rho_2 - \tilde{\lambda}_2\varphi_2 - \tfrac{\tilde{\lambda}_1}{\varphi_1} - \tilde{\lambda}_3 > 0, \\ &\delta_3 = \rho_\eta - \tfrac{\tilde{\lambda}_2}{\varphi_2} > 0.\end{aligned} \tag{3.26}$$

Ainsi, les valeurs minimales de ρ_1, ρ_2 et ρ_η sont données par :

$$\begin{aligned}&\rho_1 > \tilde{\lambda}_1\varphi_1, \\ &\rho_2 > \tilde{\lambda}_2\varphi_2 + \tfrac{\tilde{\lambda}_1}{\varphi_1} + \tilde{\lambda}_3, \\ &\rho_\eta > \tfrac{\tilde{\lambda}_2}{\varphi_2}.\end{aligned} \tag{3.27}$$

Considérons le changement de variable suivant $v = 2\sqrt{V_o}$, la dérivée temporelle de v satisfait :

$$\dot{v} \leq -\delta v + \psi\mu. \tag{3.28}$$

Selon le **Théorème 5** on a $\wp(t,l) = -\delta l + \psi\mu$, donc (3.5) se réécrit :

$$\dot{l} = -\delta l + \psi\mu, \quad l(t_0) = l_0 \geq 0, \tag{3.29}$$

dont la solution est donnée par :

$$l(t) \leq l(t_0)e^{-\delta(t-t_0)} + \frac{\psi\mu}{\delta}(1 - e^{-\delta(t-t_0)}), t \geq t_0. \tag{3.30}$$

L'objectif est de prouver que (3.28) est pratiquement uniformément fortement stable. Dans la première étape nous allons montrer d'abord que (3.28) est pratiquement uniformément stable. En prenant la norme de (3.30), il est clair que pour $t \geq t_0$, $|l(t)|$ est borné par une constante positive A. Soit la constante positive λ, avec $\lambda \leq A$, on a

$$|l(t_0)| \leq \lambda \Rightarrow |l(t)| \leq A$$

où $A = l(t_0) + \frac{\psi\mu}{\delta}$.

D'après la définition **PS1**, la stabilité pratique de (3.29) est prouvée.

Ensuite, nous cherchons à prouver que (3.29) est pratiquement uniformément quasi stable.

Soient les constantes positives B, λ et T et $t_0 > 0$, on a

$$|l(t)| \leq |l(t_0)|\, e^{-\delta T} + \frac{\mu\psi}{\delta}, \text{ pour } t \geq t_0 + T.$$

Alors,

$$|l(t_0)| < \lambda \Rightarrow |l(t)| \leq \lambda e^{-\delta T} + \frac{\mu\psi}{\delta} \leq B, \text{ pour } t \geq t_0 + T,$$

où $B \geq \lambda e^{-\delta T} + \frac{\mu\psi}{\delta}$.

De la définition **PS4**, (3.29) est pratiquement uniformément quasi stable.

D'après la définition **PS6**, (3.29) est pratiquement fortement uniformément stable.

Ainsi, toutes les conditions du théorème 5 sont vérifiées. Alors la dynamique des erreurs d'estimation (3.17) est pratiquement fortement uniformément stable dans la boule B de rayon $\frac{\mu\psi}{\delta}$. Par conséquent, les observateurs (3.10) et (3.11) sont des observateurs à convergence pratique.

3.4.3 Résultats expérimentaux de l'observateur adaptatif interconnecté

Les résultats expérimentaux de l'observateur adaptatif interconnecté sur le "Benchmark Commande Sans Capteur Mécanique" (voir figure 2.4) sont présentés dans cette section. Cet observateur est implanté sur une carte temps réel DSPACE, le moteur est contrôlé par une commande de type backstepping avec une action intégrale. Pour cette commande la vitesse est mesurée à l'aide d'un codeur incrémental. Toutefois, les données fournies à l'observateur sont seulement les tensions de commande et les mesures des courants statoriques. La commande est indépendante des variables estimées, elle impose à la machine synchrone le suivi de trajectoire du Benchmark. Plusieurs contributions ont été proposées pour déterminer la position initiale du rotor [11], [30] qu'est supposée connue dans ce travail. Les paramètres de la machine utilisée pour les expérimentations sont donnés dans le tableau 4.2 . Le schéma expérimental de la plate-forme est donné par la figure 3.1.

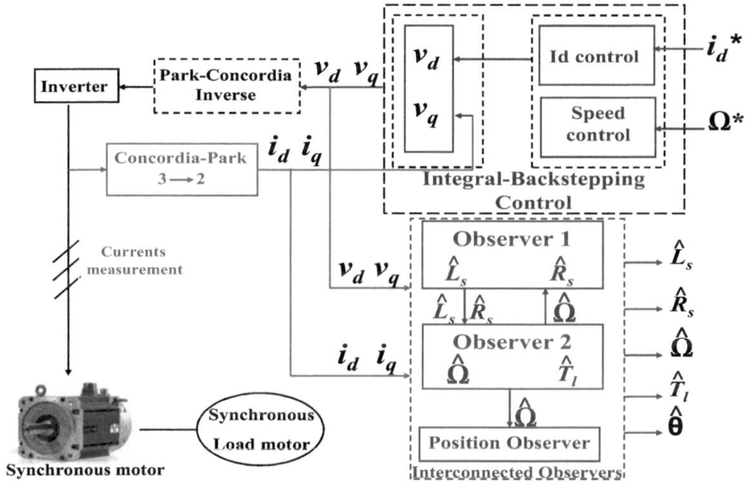

FIGURE 3.1 – Structure de l'observateur implanté sur la plate-forme IRCCyN.

Les figures 3.2 à 3.7 montrent les résultats expérimentaux de l'observateur adaptatif interconnecté.

La figure 3.2.a montre la vitesse observée et la vitesse mesurée. L'erreur de vitesse en raison de la perturbation est très petite et converge rapidement vers zéro après la perturbation induite par l'application du couple de charge (voir la figure 3.2).b.

Les figures 3.3 et 3.4 montrent la position mesurée et estimée entre les intervalles de temps [10.2s, 11.2s] et [0s, 2.2s] respectivement. Nous pouvons observer que la position estimée suit très bien la position réelle.

La figure 3.5.a montre la résistance estimée qui converge bien vers sa valeur nominale (voir l'erreur d'estimation de la résistance sur le figure 3.5.b). L'estimation de l'inductance statorique a été prise en considération pour rendre l'observateur robuste vis-à-vis ses variations, la figure 3.6.a montre l'inductance estimée et sa valeur nominale, il est clair que l'inductance estimée converge bien vers sa valeur (voir l'erreur d'estimation de l'inductance sur la figure 3.6.b). Le couple de charge mesuré et le couple appliqué sont montrés sur la figure 3.7.

Tous ces résultats montrent bien l'efficacité et la performance de l'observateur proposé.

TABLE 3.1 – Paramètres de la machine à pôles lisses.

Courant nominal	$9.67A$	Couple de charge	$9Nm$
Vitesse nominale	$3000\ rpm$	Φ_f	$0.33\ Wb$
R_s	$0.295\ \Omega$	L_s	$3\ mH$
J	$0.00679\ kg.m^2$	f_v	$0.0034\ kg.m^2.s^-1$
p	3		

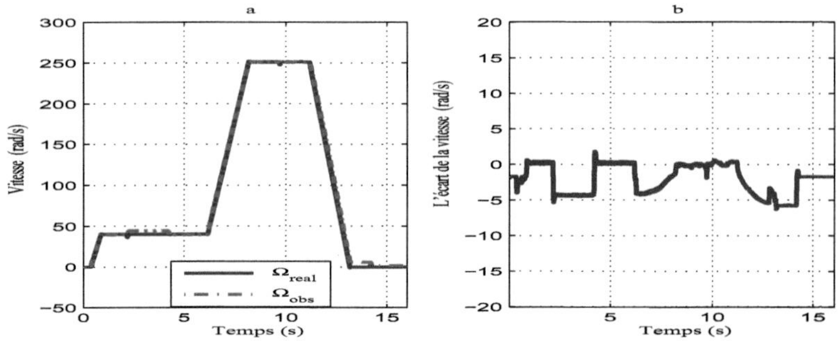

FIGURE 3.2 – a) Vitesse mesurée et vitesse estimée, b) Erreur d'observation de la vitesse.

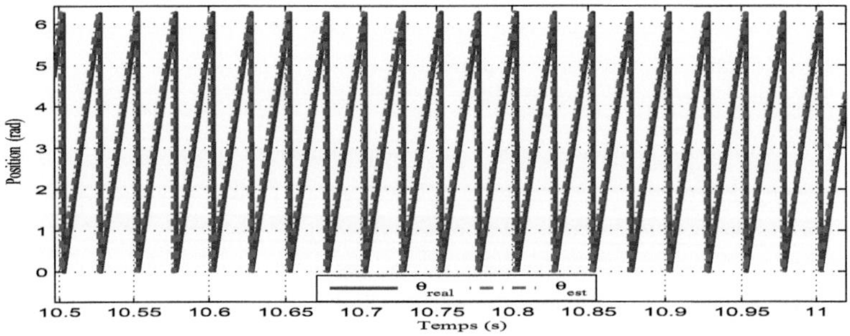

FIGURE 3.3 – Position mesurée et position observée [10.5 sec, 11 sec].

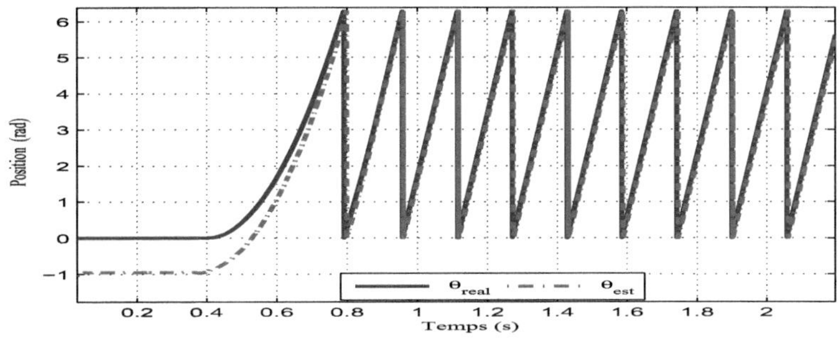

FIGURE 3.4 – Position mesurée et position observée [0 sec, 2.2 sec].

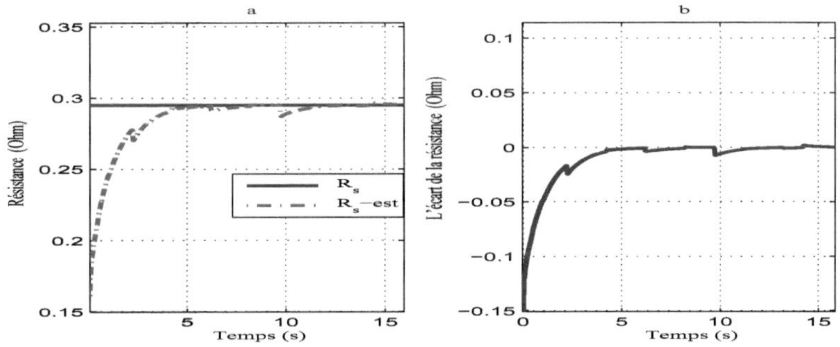

FIGURE 3.5 – Résistance estimée & Résistance réelle.

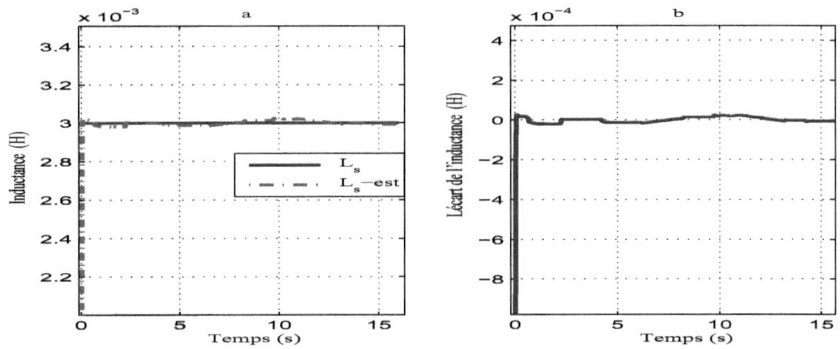

FIGURE 3.6 – Inductance estimée & Inductance réelle.

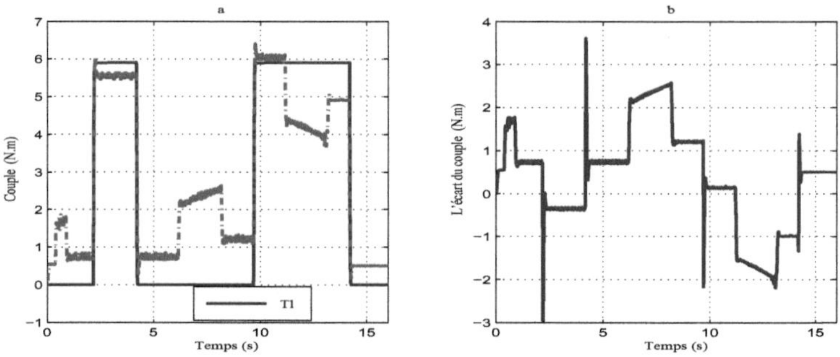

FIGURE 3.7 – Le couple total observée & Le couple de charge appliqué

3.5 Observateur Adaptatif Interconnecté pour la MSAPPS

[118], [34]

Dans cette section, un observateur adaptatif interconnecté est développé pour l'observation de la vitesse, de la position, du couple de charge et de la résistance statorique de la machine synchrone à pôles saillants. L'idée de la synthèse de l'observateur interconnecté est de décomposer le système en sous-systèmes pour lequel une synthèse d'observateur est possible. Un observateur est donc conçu pour tout le système à partir de la synthèse séparée d'un observateur pour chaque sous-système, en supposant que pour chacun, les variables d'état des autres sous-systèmes soient disponibles [121]. Cet observateur permet l'estimation de la résistance statorique qui peut augmenter jusqu'à 50% de sa valeur nominale à cause des variations thermiques dans la machine. Cette connaissance permet une bonne observation de la vitesse et de la position. La stabilité pratique de cet observateur est assurée par l'utilisation de la théorie de Lyapunov. L'observateur est testé en simulation sur un Benchmark industriel défini dans le cadre du groupe de recherche Inter GDR MACS-SEEDS (CSE) et a montré des bonnes performances avec les tests de robustesse associés au Benchmark.

3.5.1 Synthèse de l'observateur

Dans cette partie, un observateur adaptatif interconnecté pour la machine synchrone à pôles saillants sera calculé, en supposant que le couple de charge et la résistance statorique sont des fonctions du temps constantes par morceaux. Ce choix est fait en l'absence d'aucune information sur la dynamique de la perturbation pour le couple de charge (entrée inconnue mais bornée). De plus la constante de temps thermique est très grande devant les constantes de temps électriques et mécaniques du système. Leurs dynamiques seront données par :

$$\dot{T}_l = 0 \qquad \dot{R}_s = 0. \tag{3.31}$$

Réécrivons le modèle (2.15) de la machine synchrone à pôles saillants sous la forme suivante :

$$\begin{aligned} \dot{x} &= f(x) + g(x)u \\ y &= h(x) \end{aligned} \tag{3.32}$$

où $x = (i_d, i_q, \Omega, T_l, R_s)^T$, $u = (u_d, u_q)^T$, et $y = (h_1, h_2)^T = (i_q, i_d)^T$,

$$f(x) = \begin{pmatrix} -\frac{R_s}{L_d} i_d + p\frac{L_q}{L_d}\Omega i_q \\ -\frac{R_s}{L_q} i_q - p\frac{L_d}{L_q}\Omega i_d - p\frac{1}{L_q}\phi_f \Omega \\ \frac{p}{J}(L_d - L_q) i_d i_q - \frac{f_v}{J}\Omega + \frac{p}{J}\phi_f i_q - \frac{1}{J}T_l \\ 0 \\ 0 \end{pmatrix}, \quad g(x) = \begin{pmatrix} \frac{1}{L_d} & 0 \\ 0 & \frac{1}{L_q} \\ 0 & 0 \\ 0 & 0 \\ 0 & 0 \end{pmatrix}.$$

Le modèle de la machine (3.32) peut être vu comme une interconnexion entre les deux sous-systèmes (3.33) et (3.34). Supposons que chaque sous-système satisfait certaines propriétés requises pour construire un observateur et que pour chacun de ces observateurs séparés, l'état de l'autre est disponible. Alors les deux sous-systèmes peuvent s'écrire :

$$\Sigma_1 : \begin{cases} \dot{X}_1 = A_1(y_1)X_1 + g_1(X_2, y_2) + \Phi_1 u \\ y_1 = C_1 X_1 \end{cases} \tag{3.33}$$

$$\Sigma_2 : \begin{cases} \dot{X}_2 = A_2(y_1)X_2 + g_2(y_1, y_2) + \Phi_2 u + \Phi T_l \\ y_2 = C_2 X_2 \end{cases} \tag{3.34}$$

où

$$A_1(\cdot) = \begin{bmatrix} 0 & -\frac{i_q}{L_q} \\ 0 & 0 \end{bmatrix}, A_2(\cdot) = \begin{bmatrix} 0 & p\frac{L_q}{L_d} i_q \\ 0 & -\frac{f_v}{J} \end{bmatrix}, g_1(\cdot) = \begin{bmatrix} -p\frac{L_d}{L_q}\Omega i_d - p\frac{\phi_f}{L_q}\Omega \\ 0 \end{bmatrix}, \Phi = \begin{bmatrix} 0 \\ -\frac{1}{J} \end{bmatrix}$$

$$g_2(\cdot) = \begin{bmatrix} -\frac{R_s}{L_d} i_d \\ \frac{p}{J}\phi_f i_q + \frac{p}{J}(L_d - L_q) i_q \end{bmatrix}, \Phi_1 = \begin{bmatrix} \frac{1}{L_q} \\ 0 \end{bmatrix}, \Phi_2 = \begin{bmatrix} \frac{1}{L_d} \\ 0 \end{bmatrix}, C_1 = C_2 = [1\ 0].$$

$X_1 = [i_q\ R_s]^T$, $X_2 = [i_d\ \Omega]^T$ sont les variables d'état, $u = [v_d\ v_q]^T$ sont les entrées de commande, et $y = [i_q\ i_d]^T$ sont les sorties de la machine synchrone à pôles saillants. T_l est considéré comme une entrée inconnue à observer.

Remarque 12 *Le modèle de la machine synchrone a été écrit sous la forme de deux sous-systèmes interconnectés (3.33-3.34) dans le but d'obtenir une matrice Φ connue et uniformément bornée pour synthétiser un observateur adaptatif [118], [120].*

Objectif : ***Construire d'une part un observateur pour le sous-système (3.33) pour estimer la résistance statorique et d'autre part un observateur pour le sous-système (3.34) pour estimer la vitesse et le couple de charge, et l'observateur*** (3.38) ***pour observer la position du rotor.***

Remarque 13 *Le triplet (y, X_2, u) et le couple (y, u) sont respectivement considérés comme des entrées pour les sous-systèmes (Σ_1) et (Σ_2).*

Remarque 14 *. Il est facile de vérifier que :*

1 $g_1(X_2, y_1)$ est globalement Lipschitz par rapport à X_2 ; uniformément par rapport y_2.

2 $g_2(y_1, y2)$ est globalement Lipschitz par rapport à y_1, y_2.

En rajoutant de plus l'estimation du couple de charge T_l, des observateurs interconnectés pour les sous-systèmes (3.33) et (3.34) peuvent s'écrire :

$$O_1 : \left\{ \begin{array}{lcl} \dot{Z}_1 & = & A_1(y_1)Z_1 + g_1(y_2, Z_2) + \Phi_1(u) + S_1^{-1}C_1^T(y_1 - \hat{y}_1) \\ \dot{S}_1 & = & -\rho_1 S_1 - A_1^T(y_1)S_1 - S_1 A_1(y_2) + C_1^T C_1 \\ \hat{y}_1 & = & C_1 Z_1 \end{array} \right. \tag{3.35}$$

$$O_2 : \left\{ \begin{array}{lcl} \dot{Z}_2 & = & A_2(y_1)Z_2 + g_2(y_1, y_2) + \Phi_2(u) + \Phi\hat{T}_l + KC_1^T(y_1 - \hat{y}_1) \\ & & +(\varpi\Lambda S_3^{-1}\Lambda^T C_2^T + \Gamma S_2^{-1}C_2^T)(y_2 - \hat{y}_2) \\ \dot{\hat{T}}_l & = & \varpi S_3^{-1}\Lambda^T C_2^T(y_2 - \hat{y}_2) + B(Z_1)(y_1 - \hat{y}_1) + B_1(Z_1)(y_2 - \hat{y}_2) \\ \dot{S}_2 & = & -\rho_2 S_2 - A_2^T(y_1)S_2 - S_2 A_2(y_1) + C_2^T C_2 \\ \dot{S}_3 & = & -\rho_3 S_3 + \Lambda^T C_2^T C_2 \Lambda \\ \dot{\Lambda} & = & \{A_2(y_1) - \Gamma S_2^{-1}C_2^T C_2\}\Lambda + \Phi \\ \hat{y}_2 & = & C_2 Z_2 \end{array} \right. \tag{3.36}$$

Avec $Z_1 = \left[\hat{i}_q \ \hat{R}_s\right]^T$, $Z_2 = \left[\hat{i}_d \ \hat{\Omega}\right]^T$ et $\hat{T}_l$ sont les états estimés des variables X_1, X_2 et T_e. ρ_i pour $i = 1, 2, 3$, sont des constantes positives, S_1 et S_2 sont des matrices symétriques positives, avec $S_3(0) > 0$, $B(Z_1) = k\frac{p}{J}\Phi_f\hat{i}_q$, $B_1(Z_1) = k\frac{p}{J}(L_d - L_q)\hat{i}_q$

$$K = \begin{bmatrix} -k_{c1} \\ -k_{c2} \end{bmatrix} \quad , \quad \Gamma = \begin{bmatrix} 1 & 0 \\ 0 & \alpha \end{bmatrix},$$

avec k, k_{c1}, k_{c2}, α et ϖ sont des constantes positives.

L'observateur précédent peut s'écrire dans la forme compacte suivante :

$$O : \left\{ \begin{array}{lcl} \dot{Z} & = & A(y)Z + G(Z, u) + H(Z)(y - \widehat{y}) \\ \dot{S} & = & P(S, Z) \\ \widehat{y} & = & CZ \end{array} \right. \tag{3.37}$$

Où $Z = (Z_1^T, Z_2^T, \widehat{T}_l)^T$, avec $Z_1 = \left(\hat{i}_q \ \hat{R}_s\right)^T$ et $Z_2 = \left(\hat{i}_d \ \hat{\Omega}\right)^T$. $S = (S_1, S_2, S_3, \Lambda^T)^T$.
Par ailleurs, afin d'estimer la position du rotor, nous considérons l'observateur suivant :

$$\frac{d\widehat{\theta}}{dt} = \widehat{\Omega} + K_\theta(i_q - \widehat{i}_q) \tag{3.38}$$

avec K_θ est le gain de l'observateur (3.38).

Remarque 15 *Le terme $B(Z_1)(y_1-\hat{y}_1)+B_1(Z_1)(y_2-\hat{y}_2)$ dans l'équation (3.36) peut être exprimé comme suit*

$$B(Z_1)(y_1-\hat{y}_1)+B_1(Z_1)(y_2-\hat{y}_2)=k(T_e-\tilde{T}_e)$$

avec T_e et $\tilde{T}_e$ sont respectivement le couple "réel" et le couple "observé".

Remarque 16 *Il est à noter que $v = y$ et $S(t) = S_1$ pour le sous-système* (3.33) *et pour le sous-système* (3.34) *$v = y$ et $S(t) = S_2$. De plus, selon le Lemme 1, la matrice S_i est inversible.*

Comme (u, X_2) et (u, X_1) sont les entrées (3.33)-(3.34) respectivement, du Lemme 1, il existe des constantes réelles $t_0 \geq 0$, $\eta_{S_i}^{max} > 0$, $\eta_{S_i}^{min} > 0$ indépendantes de ρ_i, tel que $V(t,\epsilon_i) = \epsilon_i^T S_i \epsilon_i$ pour $i = 1, 2, 3$; qui vérifient l'inégalité suivante :

$$\eta_{S_i}^{min}\left\|\epsilon_i\right\|^2 \leq V(t,\epsilon_i) \leq \eta_{S_i}^{max}\left\|\epsilon_i\right\|^2, \quad \forall t \geq t_0. \tag{3.39}$$

3.5.2 Analyse de la stabilité pratique de l'observateur adaptatif avec incertitudes paramétriques

Cette partie est consacrée à la démonstration de la stabilité pratique [117] (introduite dans la section 3.3) de l'observateur adaptatif. Pour cela on suppose que les paramètres de la machine synchrone sont incertains et bornés. Le système interconnecté de la machine (3.33) et (3.34) peut être écrit sous la forme suivante :

$$\Sigma_1 : \begin{cases} \dot{X}_1 &= A_1(y_1)X_1 + g_1(y_2, X_2) + \Phi_1(u) + \Delta A_1(y_1) + \Delta g_1(y_2, X_2) \\ y_1 &= C_1 X_1 \end{cases} \tag{3.40}$$

$$\Sigma_2 : \begin{cases} \dot{X}_2 &= A_2(y_1)X_2 + g_2(y_1, y_2) + \Phi_2(u) + \Phi T_l + \Delta A_2(y_1) + \Delta g_2(y_1, y_2) \\ y_2 &= C_2 X_2 \end{cases} \tag{3.41}$$

où $\Delta A_1(y_1)$, $\Delta A_2(y_1)$, $\Delta g_1(y_2, X_2)$ et $\Delta g_2(y_1, y_2)$ sont les incertitudes paramétriques des termes $A_1(y_1)$, $A_2(y_1)$, $g_1(y_2, X_2)$, $g_2(y_1, y_2)$.

Alors, les termes incertains sont donnés par :

$$\Delta A_1(\cdot) = \begin{bmatrix} 0 & -\frac{i_q}{\Delta L_q} \\ 0 & 0 \end{bmatrix}, \Delta g_1(\cdot) = \begin{bmatrix} -p\frac{\Delta L_d}{\Delta L_q}\Omega i_d - p\frac{\Delta\Phi_f}{\Delta L_q}\Omega \\ 0 \end{bmatrix},$$

$$\Delta A_2(\cdot) = \begin{bmatrix} 0 & p\frac{\Delta L_q}{\Delta L_d} i_q \\ 0 & \frac{f_v}{\Delta J} \end{bmatrix}, \Delta g_2(\cdot) = \begin{bmatrix} -\frac{R_s}{\Delta L_d} i_d \\ -\frac{p}{\Delta J}\Phi_f i_d i_q - \frac{p}{\Delta J}(\Delta L_d - \Delta L_q) i_q) \end{bmatrix}.$$

En considérant le domaine physique $\mathcal{D}$ de fonctionnement de la machine synchrone dans lequel le système sera initialisé et dans lequel les trajectoires de référence seront choisies, il existe des constantes positives $\varrho_i > 0$, $i = 1, \ldots, 4$, telles que :

$$\|\Delta A_1\| \leq \varrho_1, \quad \|\Delta A_2)\| \leq \varrho_2, \quad \|\Delta g_1\| \leq \varrho_3, \quad \|\Delta g_2\| \leq \varrho_4.$$

Les paramètres ϱ_i, $i = 1, \ldots, 4$; sont des constantes positives qui représentent les valeurs maximales de $\Delta A_1(\cdot)$, $\Delta A_2(\cdot)$, $\Delta g_1(\cdot)$ et $\Delta g_2(\cdot)$ dans le domaine physique $\mathcal{D}$. Soit les erreurs d'estimation suivantes :

$$\epsilon_1 = X_1 - Z_1, \quad \epsilon_2' = X_2 - Z_2, \quad \epsilon_3 = T_l - \hat{T}_l. \tag{3.42}$$

A partir des équations (3.35)-(3.36) et (3.40)-(3.41), les dynamiques des erreurs deviennent :

$$\begin{aligned}
\dot{\epsilon}_1 &= [A_1(y_1) - S_1^{-1}C_1^T C_1]\epsilon_1 + g_1(X_2, y_2) - g_1(y_2, Z_2) + \Delta A_1(y_1)X_1 + \Delta g_1(X_2) & (3.43)\\
\dot{\epsilon}_2' &= [A_2(y_1) - \varpi S_3^{-1}\Lambda^T C_2^T C_2 - \Gamma S_2^{-1} C_2^T C_2]\epsilon_2' - K C_1^T C_1 \epsilon_1 & (3.44)\\
&\quad + \Phi\epsilon_3 + g_2(y_1, y_2) - g_2(Z_1, Z_2) + \Delta A_2(y_1)X_2 + \Delta g_2(y_1, y_2) &\\
\dot{\epsilon}_3 &= -\varpi S_3^{-1}\Lambda^T C_2^T C_2 \epsilon_2' - B_1(Z_2)C_2\epsilon_2' - B_2(Z_2)C_1\epsilon_1. & (3.45)
\end{aligned}$$

Suivant la même procédure utilisée dans [120], et en appliquant la transformation $\epsilon_2 = \epsilon_2' - \Lambda\epsilon_3$, on trouve les dynamiques des erreurs suivantes :

$$\begin{aligned}
\dot{\epsilon}_1 &= [A_1(y_1) - S_1^{-1}C_1^T C_1]\epsilon_1 + g_1(y_2, X_2) - g_1(y_2, Z_2) + \Delta A_1(y_1)X_1 + \Delta g_1(y_2, X_2) & (3.46)\\
\dot{\epsilon}_2 &= [A_2(y_1) - \Gamma S_2^{-1} C_2^T C_2 - \Lambda B_1(Z_1)C_2]\epsilon_2 - [\Lambda B(Z_1)C_1 + K C_1^T C_1]\epsilon_1 & (3.47)\\
&\quad + \{\Phi - \Lambda B_1(Z_1)C_2\Lambda\}\epsilon_3 + g_2(X_1, X_2) - g_2(Z_1, Z_2) &\\
&\quad + \Delta A_2(y_1)X_2 + \Delta g_2(y_1, y_2) &\\
\dot{\epsilon}_3 &= -B(Z_1)C_1\epsilon_1 - [\varpi S_3^{-1}\Lambda^T C_2^T + B_1(Z_1)]C_2\epsilon_2 - [\varpi S_3^{-1}\Lambda^T C_2^T + B_1(Z_1)]C_2\Lambda\epsilon_3. & (3.48)
\end{aligned}$$

ThÃľorÃĺme 3 *Considérons le système* (3.33)-(3.34), *la remarque 14 et la remarque 13. Le système* (3.35)-(3.36) *est un observateur adaptatif interconnecté pour le système* (3.72)-(3.73), *alors la dynamique des erreurs* (3.46), (3.47) *et* (3.48) *est pratiquement fortement uniformément stable.*

Preuve du théorème 3.

Le but ici est de prouver la convergence des erreurs d'estimation (3.46), (3.47), et (3.48). Pour cela on définit la fonction candidate de Lyapunov suivante :

$$V_o = V_1 + V_2 + V_3$$

où

$$V_1 = \epsilon_1^T S_1 \epsilon_1, V_2 = \epsilon_2^T S_2 \epsilon_2 \ \ et \ \ V_3 = \epsilon_3^T S_3 \epsilon_3.$$

En utilisant (3.46), (3.47) et (3.48), la dérivée temporelle de V_o est donnée par :

$$\begin{array}{rcl} \dot{V}_o & = & \epsilon_1^T \left\{-\rho_1 S_1 - C_1^T C_1\right\} \epsilon_1 + 2\epsilon_1^T S_1 \Delta A_1(y_1) X_1 \\ & & +2\epsilon_1^T S_1 \left\{g_1(y_2, X_2) - g_1(y_2, Z_2) + \Delta g_1(y_2, X_2)\right\} \\ & & +\epsilon_2^T \left\{-\rho_2 S_2 - (2S_2 \Gamma S_2^{-1} - 1) C_2^T C_2\right\} \epsilon_2 \\ & & +2\epsilon_2^T S_2 \left\{\Delta A_2(y_1)\right\} X_2 - 2\epsilon_2^T S_2 (\Lambda B(Z_1) C_1 + K C_1^T C_1)\epsilon_1 \\ & & +2\epsilon_2^T S_2 \left\{g_2(y_1, y_2) - g_2(Z_1, Z_2) + \Delta g_2(y_1, y_2)\right\} \\ & & +\epsilon_3^T [-\rho_3 S_3 - (2\varpi - 1)\Lambda^T C_2^T C_2 \Lambda]\epsilon_3 - 2\epsilon_3^T (\varpi \Lambda^T C_2^T C_2)\epsilon_2 - 2\epsilon_3^T S_3 B(Z_1) C_1 \epsilon_1 \\ & & -\epsilon_2^T [S_2 \Lambda B_1(Z_1) C_2]\epsilon_2 + \epsilon_2^T S_2 [\Phi + \Lambda B_1(Z_1) C_2 \Lambda]\epsilon_3 \\ & & +2\epsilon_3^T [S_3 B_1(Z_1) C_2]\epsilon_3 - 2\epsilon_3^T [S_3 B_1(Z_1) C_2]\epsilon_3. \end{array} \quad (3.49)$$

De la remarque 14 et la remarque 13 on a :

$$\begin{array}{l} \|S_1\| \leq k_1, \quad \|S_2\| \leq k_2, \quad \|S_3\| \leq k_3, \quad \|X_1\| \leq k_4, \\ \|X_2\| \leq k_5, \quad \|\{g_1(y_2, X_2) - g_1(y_2, Z_2)\}\| \leq k_6 \|\epsilon_1\| + k_7 \|\epsilon_2\| \\ \|\{g_2(y_1, y_2) - g_2(Z_1, Z_2)\}\| \leq k_8 \|\epsilon_1\| + k_9 \|\epsilon_3\| \\ \|B(Z_1) C_1\| \leq k_{10}, \quad \|K C_1^T C_1\| \leq k_{11}, \quad \|\Lambda^T C_2^T C_2\| \leq k_{12} \\ \|\Lambda B_1(Z_1) C_2\| \leq k_{13}, \quad \|B_1(Z_1) C_2\| \leq k_{14}, \quad \|\Phi + \Lambda B_1(Z_1) C_2 \Lambda\| \leq k_{15}. \end{array} \quad (3.50)$$

En regroupant les termes communs en $\|\epsilon_1\|$, $\|\epsilon_2\|$ et $\|\epsilon_3\|$, la dérivée temporelle $\dot{V}_o$ (3.49) satisfait l'inégalité suivante :

$$\begin{array}{rcl} \dot{V}_o & \leq & -(\rho_1 - 2k_1 k_6)\epsilon_1^T S_1 \epsilon_1 - (\rho_2 - k_2 k_{13})\epsilon_2^T S_2 \epsilon_2 - (\rho_3 - 2k_3 k_{14})\epsilon_3^T S_3 \epsilon_3 \\ & & +2\mu_1 \|\epsilon_1\| + 2\mu_2 \|\epsilon_2\| + 2\mu_3 \|\epsilon_1\| \|\epsilon_2\| + 2\mu_4 \|\epsilon_2\| \|\epsilon_3\| - 2\mu_5 \|\epsilon_1\| \|\epsilon_3\| \end{array} \quad (3.51)$$

où $\mu_1 = k_1(\varrho_3 + k_4 \varrho_1)$, $\mu_2 = k_2(\varrho_4 + k_5 \varrho_2) + k_1 k_7$, $\mu_3 = k_2(k_8 + k_{10} - k_{11})$, $\mu_4 = k_2 k_9 - \varpi k_{12} + k_2 k_{15} + k_3 k_{14}$, $\mu_5 = k_3 k_{10}$.

L'inégalité (3.51) peut être réécrite en fonction de V_1, V_2 et V_3 comme suit :

$$\begin{array}{rcl} \dot{V}_o & \leq & -(\rho_1 - 2k_1 k_6)V_1 - (\rho_2 - k_2 k_{13})V_2 - (\rho_3 - 2k_3 k_{14})V_3 + 2\tilde{\mu}_1 \sqrt{V_1} + 2\tilde{\mu}_2 \sqrt{V_2} \\ & & +2\tilde{\mu}_3 \sqrt{V_1}\sqrt{V_2} + 2\tilde{\mu}_4 \sqrt{V_2}\sqrt{V_3} - 2\tilde{\mu}_5 \sqrt{V_1}\sqrt{V_3} \end{array} \quad (3.52)$$

où

$$\tilde{\mu}_1 = \frac{\mu_1}{\sqrt{\eta_{S_1}^{min}}}, \quad \tilde{\mu}_2 = \frac{\mu_2}{\sqrt{\eta_{S_2}^{min}}}, \quad \tilde{\mu}_3 = \frac{\mu_3}{\sqrt{\eta_{S_1}^{min}}\sqrt{\eta_{S_2}^{min}}}, \quad \tilde{\mu}_4 = \frac{\mu_4}{\sqrt{\eta_{S_2}^{min}}\sqrt{\eta_{S_3}^{min}}}, \quad \tilde{\mu}_5 = \frac{\mu_5}{\sqrt{\eta_{S_1}^{min}}\sqrt{\eta_{S_3}^{min}}}.$$

Nous considérons les inégalités suivantes :

$$\begin{array}{l} \sqrt{V_1 V_2} \leq \frac{\varphi_1}{2} V_1 + \frac{1}{2\varphi_1} V_2, \\ \sqrt{V_1 V_3} \leq \frac{\varphi_2}{2} V_1 + \frac{1}{2\varphi_2} V_3 \\ \sqrt{V_2}\sqrt{V_3} \leq \frac{\varphi_3}{2} V_2 + \frac{1}{2\varphi_3} V_3; \qquad \forall \varphi_i \in]0, 1[, \qquad (i = 1, 2, 3), \end{array} \quad (3.53)$$

En remplaçons (3.53) dans (3.52), nous obtenons

$$\begin{aligned} \dot{V}_o &\leq -(\rho_1 - 2k_1k_6 - \tilde{\mu}_3\varphi_1)V_1 - (\rho_2 - k_2k_{13} - \tilde{\mu}_4\varphi_3 - \tfrac{\tilde{\mu}_3}{\varphi_1})V_2 \\ &- (\rho_3 - 2k_3k_{14} - \tfrac{\tilde{\mu}_4}{\varphi_3})V_3 + \tilde{\mu}_{11}\|\epsilon_1\| + \tilde{\mu}_{22}\|\epsilon_2\|, \end{aligned} \tag{3.54}$$

où $\tilde{\mu}_{11} = 2\tilde{\mu}_1$, $\tilde{\mu}_{21} = 2\tilde{\mu}_2$ En prenant ρ_i, $i = 1, 2, 3$ suffisamment grand tel que :

$$\delta_1 = \rho_1 - 2k_1k_6 - \tilde{\mu}_3\varphi_1 > 0,$$
$$\delta_2 = \rho_2 - k_2k_{13} - \tilde{\mu}_4\varphi_3 - \frac{\tilde{\mu}_3}{\varphi_1} > 0,$$
$$\delta_3 = \rho_3 - 2k_3k_{14} - \frac{\tilde{\mu}_4}{\varphi_3} > 0,$$

ainsi les valeurs minimales de ρ_i sont données par :

$$\begin{cases} \rho_1 > 2k_1k_6 + \tilde{\mu}_3\varphi_1, \\ \rho_2 > k_2k_{13} + \tilde{\mu}_4\varphi_3 + \frac{\tilde{\mu}_3}{\varphi_1}, \\ \rho_3 > 2k_3k_{14} + \frac{\tilde{\mu}_4}{\varphi_3}. \end{cases} \tag{3.55}$$

Pour

$$\delta = min(\delta_1, \delta_2, \delta_3), \qquad \mu = max(\tilde{\mu}_{11}, \tilde{\mu}_{22}),$$

la dérivée temporelle de V_o devient :

$$\begin{aligned} \dot{V}_o &\leq -\delta(V_1 + V_2 + V_3) + \mu(\sqrt{V_1} + \sqrt{V_2}) \\ &\leq -\delta V_o + \mu\psi\sqrt{V_o}, \end{aligned} \tag{3.56}$$

où

$$\psi\sqrt{V_1 + V_2 + V_3} > \sqrt{V_1} + \sqrt{V_2},$$

et $\psi > 0$, Soit le changement de variable suivant $v = 2\sqrt{V_o}$, la dérivée temporelle de v satisfait :

$$\dot{v} \leq -\delta v + \psi\mu. \tag{3.57}$$

De (3.57) et le Théorème 5 on a $\wp(t, l) = -\delta l + \psi\mu$:

$$\dot{l} = \wp(t, l), \quad l(t_0) = l_0 \geq 0. \tag{3.58}$$

L'ensemble des solutions de (3.58) est :

$$l(t) = l(t_0)e^{-\delta(t-t_0)} + \tfrac{\psi\mu}{\delta}(1 - e^{-\delta(t-t_0)}). \tag{3.59}$$

Pour montrer que (3.58) est pratiquement uniformément fortement stable, nous allons montrer dans un premier temps que (3.58) est pratiquement uniformément stable.

On suppose que $l(t_0) \leq \hbar_1$, de (3.58) nous obtenons :

$$\begin{aligned} l(t) &\leq l(t_0) + \tfrac{\psi\mu}{\delta} \\ &\leq \hbar_1 + \tfrac{\psi\mu}{\delta} \leq \hbar_2. \end{aligned} \tag{3.60}$$

Alors

$$l(t_0) \leq \hbar_1 \Rightarrow l(t) \leq \hbar_2, \quad \forall t \geq t_0.$$

D'après la définition **PS1** de la stabilité pratique, (3.58) est pratiquement uniformément stable.

La deuxième étape est de prouver que (3.58) est pratiquement uniformément quasi stable. On suppose qu'il existe des constantes positives : $\hbar_1$, $\Im$, T, $l(t_0) \leq \hbar_1$ et $t \geq t_0 + T$. La solution (4.32) satisfait les inégalités suivantes :

$$\begin{array}{rcl} l(t) & \leq & l(t_0)e^{-\delta T} + \frac{\psi\mu}{\delta} \\ & \leq & \hbar_1 e^{-\delta T} + \frac{\psi\mu}{\delta} \leq \Im. \end{array} \tag{3.61}$$

Alors

$$l(t_0) \leq \hbar_1 \Rightarrow l(t) \leq \Im, \quad \forall t \geq t_0 + T.$$

De la définition **PS4,** (3.58) est pratiquement uniformément quasi stable.

D'après la définition **PS6,** (3.58) est pratiquement fortement uniformément stable.

Dans le but de prouver que la dynamique (3.46), (3.47) et (3.48) des erreurs d'estimation sont pratiquement fortement uniformément stables, vérifions toutes les conditions du **Théorème** 5.

De (3.60) et (3.61), $\hbar_1 < \hbar_2$, $\Im < \hbar_2$, alors la condition **i)** du **Théorème** 5 est vérifiée.

En considérant l'inégalité (3.39), on obtient $\eta^{min}\left\|e\right\|^2 \leq V_o(t,e) \leq \eta^{max}\left\|e\right\|^2$, où $\eta^{min} = min\{\eta_{S_i}^{min}, i = 1,2,3\}$ et $\eta^{max} = max\{\eta_{S_i}^{max}, i = 1,2,3\}$, $V_o(t,e)$ est une fonction de Lyapunov localement Lipschitz par rapport à $e = (\epsilon_1, \epsilon_2, \epsilon_3)^T$. Soient :

$$\begin{array}{l} d_1(\|e\|) = \eta^{min}\left\|e\right\|^2 \\ d_2(\|e\|) = \eta^{max}\left\|e\right\|^2. \end{array}$$

Pour $(t,e) \in \mathbb{R}_+ \times B_{\hbar_2}$

$$d_1(\|e\|) \leq V_o(t,e) \leq d_2(\|e\|)$$

et de (3.56)

$$\wp(t, V_o(t,e)) = -\delta V_o + \mu\psi\sqrt{V_o}.$$

Les conditions **ii)** et **iii)** du **Théorème** 5 sont donc vérifiées.

Maintenant, cherchons à vérifier la condition **iv)** du **Théorème** 5. De (3.60), nous savons que :

$$v(t_0) \leq \hbar_1 \Rightarrow v(t) \leq \hbar_2, \quad \forall t \geq t_0.$$

Or $V_o(t,e) = \frac{1}{4}v(t)^2$ donc, d'une part, on a :

$$\begin{array}{l} v(t_0) \leq \hbar_1 \Rightarrow \eta^{min}\left\|e_0\right\|^2 < \frac{1}{4}\hbar_1^2 \\ \left\|e_0\right\| < \frac{1}{\sqrt{4\eta^{min}}}\hbar_1 \end{array}$$

d'autre part :

$$\begin{aligned}\tfrac{1}{4}v(t)^2 &= V_o(t,e)\\ &= \eta^{max}\left\|e(t)\right\|^2 < \tfrac{1}{4}\hbar_2^2\\ \left\|e(t)\right\| &< \tfrac{1}{\sqrt{4\eta^{max}}}\hbar_2.\end{aligned}$$

Par conséquent :

$$0 < \tfrac{1}{\sqrt{4\eta^{min}}}\hbar_1 < \tfrac{1}{\sqrt{4\eta^{max}}}\hbar_2$$
$$\eta^{max}\hbar_1^2 < \eta^{min}\hbar_2^2 \Rightarrow d_2(\hbar_1) < d_1(\hbar_2).$$

Comme toutes les conditions du théorème 5 sont vérifiées, alors les dynamiques des erreurs d'estimations (3.46), (3.47) et (3.48) sont pratiquement fortement uniformément stables dans la boule B_r de rayon $r = \frac{\psi\mu}{\delta}$ et par conséquent les observateurs (3.35) et (3.36) sont des observateurs à convergence pratique.

3.5.3 Résultats expérimentaux de l'observateur adaptatif interconnecté pour la machine à pôles saillants

Dans cette section nous présentons les résultats expérimentaux de l'observateur adaptatif interconnecté pour la machine synchrone à pôles saillants. Le schéma expérimental est identique à celui de l'observateur interconnecté pour la machine à pôles lisses (Figure 3.1).

Les paramètres de l'observateur utilisés dans les simulations sont choisis comme suit :

$\rho_1 = 900$, $\rho_2 = 800$, $\rho_3 = 15$, $\varpi = 80$, $k_{c1} = 0.1$, $k_{c2} = 0.01$, $\alpha = 0.1$, $K_\theta = 25$.
Le moteur est contrôlé par une commande de type backstepping avec action intégrale. La mesure de la vitesse fournie à la commande (seulement pour la commande!) est prise par un codeur incrémental. Les données fournies pour l'observateur sont seulement les mesures des courants et les tensions statoriques de commande. La position initiale est supposée connue.

Les figures 3.8 à 3.11 montrent les résultats expérimentaux de l'observateur adaptatif interconnecté pour la machine synchrone à pôles saillants en utilisant les paramètres nominaux de la machine.

La figure 3.8.a montre les vitesses mesurée et observée et la figure 3.9 montre le couple observé et le couple appliqué. Nous remarquons que ces grandeurs convergent bien vers leurs valeurs réelles (voir figures 3.8.b et 3.9.b).

Les figures 3.12, 3.14, 3.13 et 3.15 montrent les résultats expérimentaux pour des variations de +20% et -20% sur les valeurs des inductances statoriques respectivement. Les résultats obtenus sont similaires au cas nominal avec un écart un peu plus important. Cela montre bien la robustesse de l'observateur proposé.

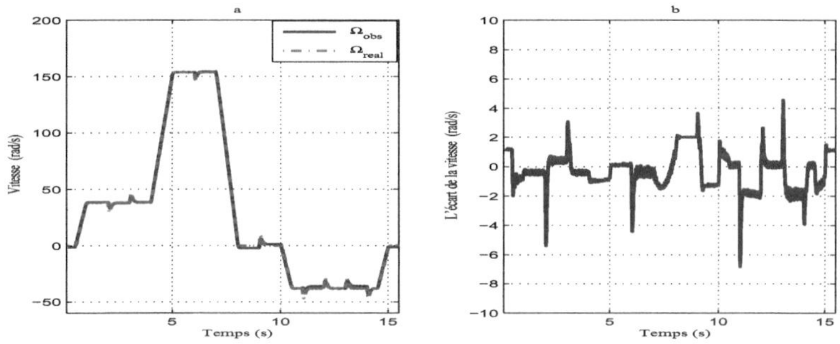

FIGURE 3.8 – Cas nominal. **a.** Vitesse observée & Vitesse mesurée **b.** Erreur de suivi de vitesse.

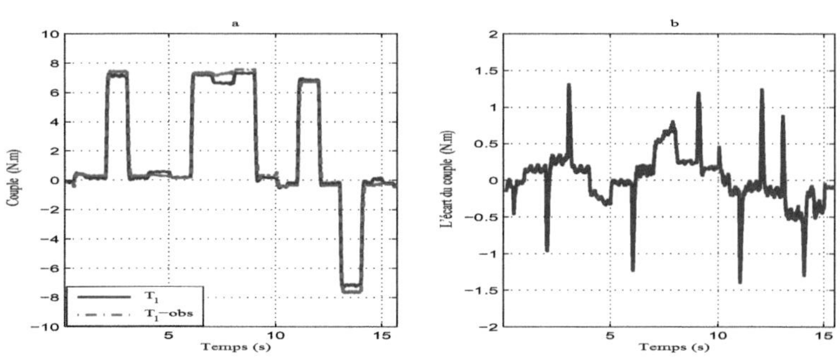

FIGURE 3.9 – Cas nominal. **a.** Couple appliqué & Couple observé **b.** Erreur d'observation du couple.

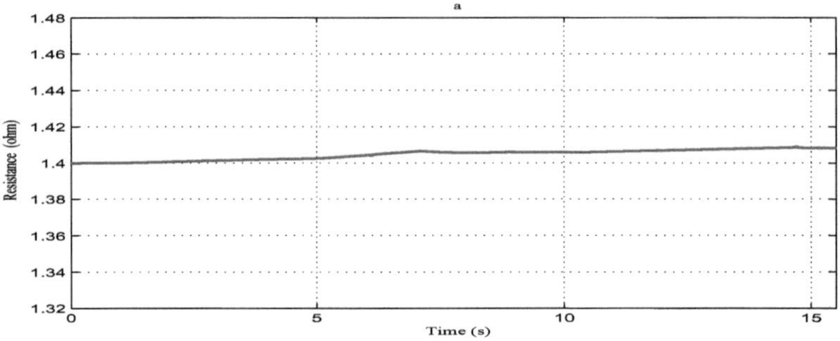

FIGURE 3.10 – Cas nominal. **a.** Résistance estimée.

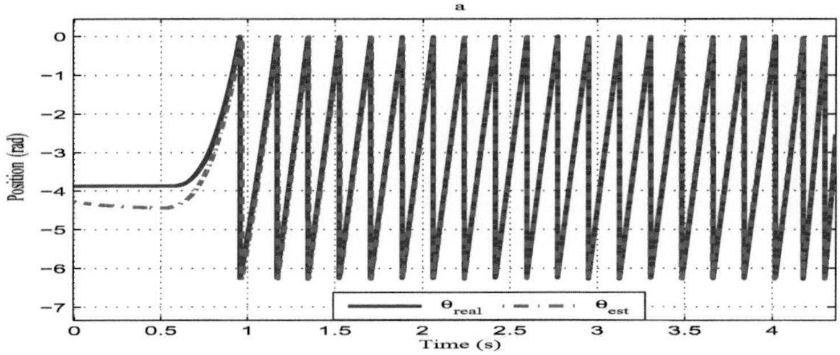

FIGURE 3.11 – Cas nominal. Position observée & Position réelle

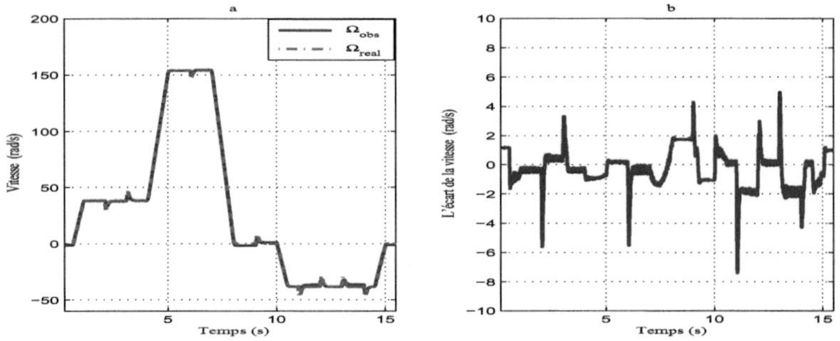

FIGURE 3.12 – +20%Ld,Lq. **a.** Vitesse observée & Vitesse réelle **b.** Erreur d'observation.

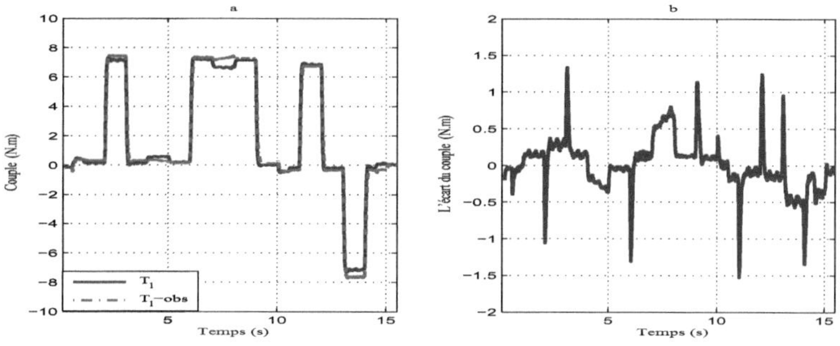

FIGURE 3.13 – +20%Ld,Lq. **a.** Couple appliqué & Couple observé **b.** Erreur d'observation du couple.

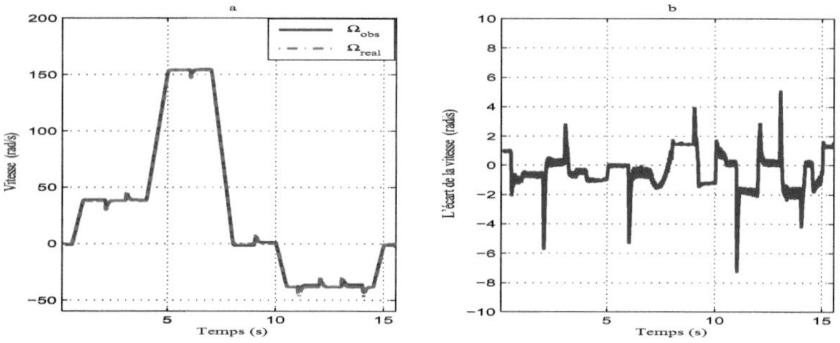

FIGURE 3.14 – -20%Ld,Lq. **a.** Vitesse observée & Vitesse réelle **b.** Erreur d'observation.

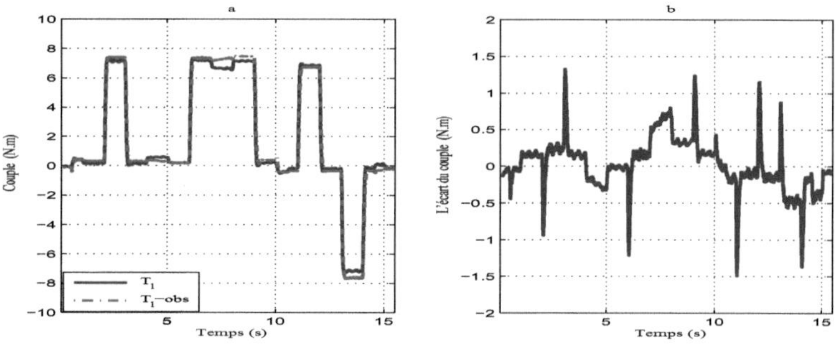

FIGURE 3.15 – -20%Ld,Lq. **a.** Couple appliqué & Couple observé **b.** Erreur d'observation du couple.

3.6 Observateurs à modes glissants d'ordre supérieur "super twisting"

[102], [122]

L'observateur proposé dans cette section repose sur la théorie des systèmes à structures variables. Grâce à leur robustesse et leur performance élevée, les observateurs à modes glissants forment une classe importante des observateurs non linéaires. Cette technique est caractérisée par une fonction discontinue sur les erreurs d'estimation.
Dans cette section, deux observateurs interconnectés par modes glissants d'ordre supérieur sont proposés pour estimer la vitesse, la position et la résistance statorique de la machine synchrone à pôles saillants.

Pour les mêmes raisons qu'auparavant, la résistance est supposée une fonction constante par morceaux, sa dynamique est donnée par :

$$\dot{R}_s = 0. \tag{3.62}$$

3.6.1 Algorithme Super Twisting

Plusieurs algorithmes ont été proposés dans la littérature pour les observateurs par modes glissants d'ordre supérieur. Nous utiliserons ici l'algorithme Super Twisting [113], qui est un algorithme par modes glissants d'ordre deux. Cet algorithme ne s'applique qu'à des systèmes de degré relatif égal à un dont la perturbation est Lipschitz. Son intérêt réside dans la réduction du *chattering*, due à la continuité du signal de commande.

Dans ce travail, l'algorithme de l'observateur par modes glissants proposé dans [113] pour des systèmes SISO est combiné avec la technique des observateurs interconnectés pour concevoir un nouvel observateur pour des systèmes MIMO.
Considérons le système non linéaire suivant :

$$\begin{aligned} \dot{x}_1 &= x_2 \\ \dot{x}_2 &= f(t, x_1, x_2, u) + \zeta(t, x_1, x_2, u) \\ y &= x_1 \end{aligned} \tag{3.63}$$

Le système (3.63) est supposé admettre des solutions au sens du Filippov [123]. Il est supposé que la fonction $f(t, x_1, x_2, u)$ et l'incertitude $\zeta(t, x_1, x_2, u)$ sont uniformément bornées dans toute région de l'espace d'état (x_1, x_2).

La forme générale de l'observateur *super twisting* est donnée par :

$$\begin{aligned} \dot{\hat{x}}_1 &= \hat{x}_2 + z_1 \\ \dot{\hat{x}}_2 &= f(t, x_1, \hat{x}_2, u) + \zeta(t, x_1, \hat{x}_2, u) + z_2 \\ y &= x_1 \end{aligned} \tag{3.64}$$

où $\hat{x}_1$ et $\hat{x}_2$ sont les états à estimer. z_1 et z_2 sont les termes de correction et sont calculés par l'algorithme *super twisting* de la manière suivante :

$$\begin{aligned} z_1 &= \alpha_1 \left| x_1 - \hat{x}_1 \right|^{1/2} sign(x_1 - \hat{x}_1) \\ z_2 &= \alpha_2 sign(x_1 - \hat{x}_1). \end{aligned} \tag{3.65}$$

3.6.2 Observateur de position

Dans cette section, l'observateur super twisting interconnecté est utilisé pour observer la position du rotor. L'observation en temps fini de la position permet d'enlever toutes les conditions sur la position initiale du rotor.

Le modèle de la machine synchrone dans le repère lié au stator (2.13) peut être réécrit sous la forme suivante :

$$\begin{aligned} \begin{pmatrix} \dot{i}_\alpha \\ \dot{i}_\beta \end{pmatrix} = & D^{-1} \left\{ \begin{pmatrix} L_0 & 0 \\ 0 & L_0 \end{pmatrix} + \begin{pmatrix} A_{11} & A_{12} \\ A_{21} & A_{22} \end{pmatrix} \right\} - \begin{pmatrix} B_{11} & B_{12} \\ B_{21} & B_{22} \end{pmatrix} \begin{pmatrix} i_\alpha \\ i_\beta \end{pmatrix} + \begin{pmatrix} v_\alpha \\ v_\beta \end{pmatrix} \\ & -\omega\phi_f \begin{pmatrix} -\sin\theta_e \\ \cos\theta_e \end{pmatrix} \end{aligned} \tag{3.66}$$

avec

$A_{11} = -L_1 cos(2\theta_e)$, $A_{12} = -L_1 sin(2\theta_e)$, $A_{21} = -L_1 sin(2\theta_e)$, $A_{22} = +L_1 cos(2\theta_e)$,
$B_{11} = R_s - 2\omega L_{\alpha\beta}$, $B_{12} = 2\omega L_1 cos(2\theta_e)$, $B_{21} = 2\omega L_1 cos(2\theta_e)$, $B_{22} = R_s + 2\omega L_{\alpha\beta}$,

ou encore :

$$\begin{aligned} \begin{pmatrix} \dot{i}_\alpha \\ \dot{i}_\beta \end{pmatrix} = & D^{-1} \begin{pmatrix} L_0 & 0 \\ 0 & L_0 \end{pmatrix} \left\{ - \begin{pmatrix} B_{11} & B_{12} \\ B_{21} & B_{22} \end{pmatrix} \begin{pmatrix} i_\alpha \\ i_\beta \end{pmatrix} + \begin{pmatrix} v_\alpha \\ v_\beta \end{pmatrix} - \omega\phi_f \begin{pmatrix} -\sin\theta_e \\ \cos\theta_e \end{pmatrix} \right\} \\ & + D^{-1} \begin{pmatrix} A_{11} & A_{12} \\ A_{21} & A_{22}) \end{pmatrix} \left\{ - \begin{pmatrix} B_{11} & B_{12} \\ B_{21} & B_{22} \end{pmatrix} \begin{pmatrix} i_\alpha \\ i_\beta \end{pmatrix} + \begin{pmatrix} v_\alpha \\ v_\beta \end{pmatrix} - \omega\phi_f \begin{pmatrix} -\sin\theta_e \\ \cos\theta_e \end{pmatrix} \right\}. \end{aligned} \tag{3.67}$$

Nous utilisons le changement de coordonnées suivant :

$$\begin{pmatrix} \chi_{11} \\ \chi_{12} \end{pmatrix} = \begin{pmatrix} i_\alpha \\ K_s sin(\theta_e)\omega \end{pmatrix} \quad \text{et} \quad \begin{pmatrix} \chi_{21} \\ \chi_{22} \end{pmatrix} = \begin{pmatrix} i_\beta \\ -K_s cos(\theta_e)\omega \end{pmatrix}, \tag{3.68}$$

avec $K_s = D^{-1} L_0 \phi_f$, pour $i = 1, 2$, les dynamiques des systèmes sont alors données par :

$$\Sigma_{\chi,i} : \begin{pmatrix} \dot{\chi}_{i1} \\ \dot{\chi}_{i2} \end{pmatrix} = \begin{pmatrix} 0 & 1 \\ 0 & 0 \end{pmatrix} \begin{pmatrix} \chi_{i1} \\ \chi_{i2} \end{pmatrix} + \begin{pmatrix} \Phi_i \\ F_i \end{pmatrix} + \begin{pmatrix} \Delta\rho_{i1} \\ \Delta\rho_{i2} \end{pmatrix}, \tag{3.69}$$

$$\begin{pmatrix} \Gamma_1 \\ H_1 \end{pmatrix} = \begin{pmatrix} D^{-1}L_0 v_\alpha \\ -\frac{f_v}{J}\xi_{12} \end{pmatrix}, \qquad \begin{pmatrix} \Gamma_2 \\ H_2 \end{pmatrix} = \begin{pmatrix} D^{-1}L_0 v_\beta \\ -\frac{f_v}{J}\xi_{22} \end{pmatrix}$$

$$\begin{pmatrix} \Delta\rho_{11} \\ \Delta\rho_{12} \end{pmatrix} = \begin{pmatrix} D^{-1}L_0(-B_{11}i_\alpha - B_{12}i_\beta) + D^{-1}(A_{11}(-B_{11}i_\alpha - B_{12}i_\beta + v_\alpha + \omega sin(\theta_e)) + \\ A_{12}(-B_{21}i_\alpha - -B_{22}i_\beta + v_\beta - \omega cos(\theta_e))) \\ K_s cos(\theta_e)\omega^2 + K_s sin(\theta_e)(\frac{p}{J}[2L_1(cos(\theta_e i_\alpha + sin(\theta_e)\theta_e)i_\beta) + \phi_f][-sin(\theta_e)i_\alpha \\ +cos(\theta_e)i_\beta]) \end{pmatrix},$$

$$\begin{pmatrix} \Delta\rho_{21} \\ \Delta\rho_{22} \end{pmatrix} = \begin{pmatrix} D^{-1}L_0(-B_{21}i_\alpha - B_{22}i_\beta) + D^{-1}(A_{21}(-B_{11}i_\alpha - B_{12}i_\beta + v_\alpha + \omega sin(\theta_e)) + \\ A_{22}(-B_{21}i_\alpha - -B_{22}i_\beta + v_\beta - \omega cos(\theta_e))) \\ K_s sin(\theta_e)\omega^2 - K_s cos(\theta_e)(\frac{p}{J}[2L_1(cos(\theta_e i_\alpha + sin(\theta_e)\theta_e)i_\beta) + \phi_f][-sin(\theta_e)i_\alpha \\ +cos(\theta_e)i_\beta]) \end{pmatrix}.$$

L'observateur interconnecté par modes glissants d'ordre supérieurs pour le système (3.69) est donné par :

$$\widehat{\Sigma}_{\chi,i} : \begin{pmatrix} \dot{\hat{\chi}}_{i1} \\ \dot{\hat{\chi}}_{i2} \end{pmatrix} = \begin{pmatrix} 0 & 1 \\ 0 & 0 \end{pmatrix} \begin{pmatrix} \hat{\chi}_{i1} \\ \hat{\chi}_{i2} \end{pmatrix} + \begin{pmatrix} \Gamma_i \\ \hat{H}_i \end{pmatrix} + \begin{pmatrix} \lambda_{i1}\left|\tilde{\chi}_{i1}\right|^{1/2} sign(\tilde{\chi}_{i1}) \\ \lambda_{i2} sign(\tilde{\chi}_{i1}) \end{pmatrix} \quad (3.70)$$

où $\tilde{\chi}_{i1} = \chi_{i1} - \hat{\chi}_{i1}$, for $i = 1, 2$ avec $(\hat{\chi}_{i1}\ \hat{\chi}_{i2})^T$ est l'état estimé du système $\Sigma_{\xi,i}$.

De (3.70), l'estimation de la position du rotor peut être obtenue par :

$$\hat{\theta}_e = tan^{-1}\frac{\hat{\chi}_{12}}{\hat{\chi}_{22}} \quad (3.71)$$

La preuve de convergence de l'observateur de position est similaire à celle présentée dans la section 3.6.5 et n'est pas détaillée ici.

3.6.3 Un modèle interconnecté de la machine synchrone à pôles saillants

Le modèle de la machine synchrone à pôles saillants (3.32)-(3.62) peut être vu comme une interconnexion entre les deux sous-systèmes (3.72)-(3.73)

$$\Sigma_1 : \begin{cases} \frac{di_d}{dt} = -\frac{R_s}{L_d}i_d + p\frac{L_q}{L_d}\Omega i_q + \frac{1}{L_d}v_d \\ \frac{dR_s}{dt} = 0 \end{cases} \quad (3.72)$$

$$\Sigma_2 : \begin{cases} \frac{di_q}{dt} = -\frac{R_s}{L_q}i_q - p\frac{L_d}{L_q}\Omega i_d - p\frac{1}{L_q}\phi_f\Omega + \frac{1}{L_q}v_q \\ \frac{d\Omega}{dt} = \frac{p}{J}(L_d - L_q)i_d i_q - \frac{f_v}{J}\Omega + \frac{p}{J}\phi_f i_q. \end{cases} \quad (3.73)$$

Pour réécrire les sous-systèmes (3.72) et (3.73) sous un format pour lequel l'algorithme *super twisting* peut s'appliquer, nous utilisons le changement de coordonnées suivant :

$$\begin{pmatrix} \xi_{11} \\ \xi_{12} \end{pmatrix} = \begin{pmatrix} i_d \\ -R_s \frac{i_d}{L_d} \end{pmatrix} \quad \text{et} \quad \begin{pmatrix} \xi_{21} \\ \xi_{22} \end{pmatrix} = \begin{pmatrix} i_q \\ -p\Omega(\frac{\phi_f}{L_q} + \frac{L_d}{L_q} i_d) \end{pmatrix},$$

alors, les sous-systèmes (3.72) – (3.73) peuvent être représentés sous la forme suivante

$$\Xi_i : \begin{pmatrix} \dot{\xi}_{i1} \\ \dot{\xi}_{i2} \end{pmatrix} = \begin{pmatrix} 0 & 1 \\ 0 & 0 \end{pmatrix} \begin{pmatrix} \xi_{i1} \\ \xi_{i2} \end{pmatrix} + \begin{pmatrix} \phi_i \\ F_i \end{pmatrix} + \begin{pmatrix} \Delta\zeta_{i1} \\ \Delta\zeta_{i2} \end{pmatrix} \tag{3.74}$$

où ξ_{i1} est la sortie mesurée et ξ_{i2} l'état à estimer, avec,

$$\begin{pmatrix} \phi_1 \\ F_1 \end{pmatrix} = \begin{pmatrix} \frac{1}{L_d} v_d \\ (\frac{\xi_{12}}{\xi_{11}})^2 - \frac{\xi_{12}}{L_d \xi_{11}} v_d \end{pmatrix},$$

$$\begin{pmatrix} \phi_2 \\ F_2 \end{pmatrix} = \begin{pmatrix} \frac{1}{L_q} v_q \\ \{(-\frac{p^2}{J}(L_d - L_q)\xi_{11}\xi_{21} - \frac{F_v}{J} \frac{\xi_{22}}{\frac{\phi_f}{L_q} + \frac{L_d}{L_q}\xi_{11}} - \frac{p^2}{J}\phi_f \xi_{21}) \\ +(\frac{\phi_f}{L_d} + \frac{L_d}{L_q}\xi_{11}) + \frac{\xi_{22}}{\frac{\phi_f}{L_q} + \frac{L_d}{L_q}\xi_{11}}(-\frac{\xi_{22}\xi_{21}}{\frac{\phi_f}{L_q} + \frac{L_d}{L_q}\xi_{11}} + \frac{1}{L_q} v_d)\} \end{pmatrix}$$

et

$$\begin{pmatrix} \Delta\zeta_{11} \\ \Delta\zeta_{12} \end{pmatrix} = \begin{pmatrix} -\frac{L_d \xi_{22} \xi_{12}}{\Phi_f + L_d \xi_{11}} \\ -\frac{\xi_{12}\xi_{22}\xi_{21}}{L_d \xi_{11}(\Phi_f + L_d \xi_{11})} \end{pmatrix}, \qquad \begin{pmatrix} \Delta\zeta_{21} \\ \Delta\zeta_{22} \end{pmatrix} = \begin{pmatrix} -\frac{L_d \xi_{12}\xi_{21}}{L_q \xi_{11}} \\ \frac{L_d \xi_{12}\xi_{22}}{\Phi_f + L_d \xi_{11}} \end{pmatrix}.$$

$\Delta\zeta_{ij}$ pour $i, j = 1, 2$; représentent les termes interconnectés qui seront considérés comme des perturbations.

Objectif : ***Construire un observateur à convergence en temps fini pour le système (3.74) pour estimer la vitesse et la résistance statorique.***

3.6.4 Synthèse de l'observateur par modes glissants d'ordre supérieur

Un observateur par modes glissants d'ordre supérieur à été proposé pour les systèmes mono entré mono sortie dans [113]. Ici cet observateur est combiné avec la technique des observateurs interconnectés pour concevoir un nouvel observateur par modes glissants d'ordre supérieur pour un système ayant plusieurs entrées et plusieurs sorties.

L'observateur interconnecté par modes glissants d'ordre supérieur pour les sous-systèmes (3.72)-(3.73) est donné par :

$$\hat{\Xi}_i : \begin{pmatrix} \dot{\hat{\xi}}_{i1} \\ \dot{\hat{\xi}}_{i2} \end{pmatrix} = \begin{pmatrix} 0 & 1 \\ 0 & 0 \end{pmatrix} \begin{pmatrix} \hat{\xi}_{i1} \\ \hat{\xi}_{i2} \end{pmatrix} + \begin{pmatrix} \phi_i \\ F_i \end{pmatrix} + \begin{pmatrix} \alpha_{i1} \left|\tilde{\xi}_{i1}\right|^{1/2} sign(\tilde{\xi}_{i1}) \\ \alpha_{i2} sign(\tilde{\xi}_{i1}) \end{pmatrix} \tag{3.75}$$

où $\tilde{\xi}_{i1} = \xi_{i1} - \hat{\xi}_{i1}$, pour $i = 1, 2$ avec $\begin{pmatrix} \hat{\xi}_{i1} & \hat{\xi}_{i2} \end{pmatrix}^T$ est l'état estimé de Ξ_i.

3.6.5 Convergence de l'observateur

Cette section présente la preuve de convergence de l'observateur interconnecté par modes glissants d'ordre supérieur. Dans cette étude nous nous inspirons de la méthode utilisée dans [113]. Cette preuve peut de manière similaire être utilisée pour la convergence de l'observateur de position présenté dans la section 3.6.2.

Les dynamiques des erreurs d'observations sont définies par :

$$\begin{pmatrix} \dot{\tilde{\xi}}_{i1} \\ \dot{\tilde{\xi}}_{i2} \end{pmatrix} = \begin{pmatrix} 0 & 1 \\ 0 & 0 \end{pmatrix} \begin{pmatrix} \tilde{\xi}_{i1} \\ \tilde{\xi}_{i2} \end{pmatrix} - \begin{pmatrix} \alpha_{i1} \left|\tilde{\xi}_{i1}\right|^{1/2} sign(\tilde{\xi}_{i1}) \\ \alpha_{i2} sign(\tilde{\xi}_{i1}) \end{pmatrix} + \begin{pmatrix} \Delta\zeta_{i1} \\ \tilde{F}_i(\xi_1, \xi_2) \end{pmatrix} \tag{3.76}$$

où $\tilde{F}_i(\xi_1,\xi_2) = F_i(\xi_1,\xi_2) - F_i(\hat{\xi}_1,\hat{\xi}_2) + \Delta\zeta_{i2}$.

Remarque 17 *Il est à noter que les états du système (3.74) sont des fonctions des états et des paramètres du moteur définis dans le domaine physique $\mathcal{D}$, alors, il est possible de trouver une limite supérieure f_i, pour $i = 1, 2$; tel que :*

$$|F_i| < f_i, \tag{3.77}$$

cette inégalité doit être vérifiée pour tout ξ_1, ξ_2;   et$\|\hat{\xi}_{i2}\| \leq 2 \sup \|\xi_2\|$.

HypothÃÍse 1 *Nous supposons que les les termes $\Delta\zeta_{ij}$, pour $i, j = 1, 2$ et leurs dérivés sont bornés de telle sorte que $\|\Delta\zeta_{1i}\| < h_i$ et $\left\|\frac{d\Delta\zeta_{1i}}{dt}\right\| < h_i^{'}$, où h_i et $h_i^{'}$ sont des bornes positives.*

De (3.77) et l'hypothèse 1, il suit que : $\left|\tilde{F}_i\right| = \left|F_i(\xi_{i1},\xi_{i2}) - F_i(\xi_{i1},\hat{\xi}_{i2}) + \Delta\zeta_{i2}\right| < \tilde{f}_i^+$, où $\tilde{f}_i^+ = f_i + h_i$.

Maintenant, nous pouvons établir le résultat suivant sur la convergence de l'observateur.

ThÃľorÃÍme 4 *De la remarque 17 et l'hypothèse 1, les gains de l'observateur α_{i1}, α_{i2}, pour $i = 1, 2$; sont réglés selon les critères suivants :*

$$\begin{cases} \alpha_{i1} > \sqrt{\frac{2}{\alpha_{i2}+\tilde{f}_i^+}} \left(\frac{(\alpha_{i2}-\tilde{f}_i^+)(1+p_i)}{1-p_i}\right) \\ \alpha_{i2} > \tilde{f}_i^+ \end{cases} \tag{3.78}$$

où p_i pour $i = 1, 2$, sont des constantes positives inclues dans l'intervalle $0 < p_i < 1$.

Alors, le système (3.75) est un observateur qui garantit la convergence en temps fini vers les états réels $\xi_{i,j}$, pour $i, j = 1, 2$, ainsi il existe un temps T_0 tel que $\forall\ T_0 \leq t$, $\hat{\xi}_{i,j} = \xi_{i,j}$, pour $i, j = 1, 2$.

Preuve du théorème 4

La preuve du théorème 4 suit le même raisonnement comme dans [113] mais pour deux sorties. Puisque l'erreur d'estimation $\tilde{\xi}_{ij}$ satisfait à l'inclusion différentielle,

$$\begin{array}{rcl} \dot{\tilde{\xi}}_{i1} & = & \tilde{\xi}_{i2} - \alpha_{i1}\left|\tilde{\xi}_{i1}\right|^{1/2} sign(\tilde{\xi}_{i1}) + \Delta\zeta_{i1} \\ \dot{\tilde{\xi}}_{i2} & \in & [-\widetilde{f}_i^+, +\widetilde{f}_i^+] - \alpha_{i2} sign(\tilde{\xi}_{i1}), \end{array} \tag{3.79}$$

où toutes les inclusions différentielles sont supposées admettre des solutions dans le sens de Filippov et les solutions de (3.79) existent pour toute condition initiale et sont infiniment extensibles dans le temps.

En calculant la dérivée de $\dot{\tilde{\xi}}_{i1}$ avec $\tilde{\xi}_{1i} \neq 0$, pour i=1,2 ; nous obtenons :

$$\begin{array}{l} \ddot{\tilde{\xi}}_{i1} = \dot{\tilde{\xi}}_{i2} - \frac{1}{2}\alpha_{i1}\frac{\left|\dot{\tilde{\xi}}_{i1}\right|}{\left|\tilde{\xi}_{i1}\right|^{1/2}} + \frac{d\Delta\zeta_{i1}}{dt} \\ \ddot{\tilde{\xi}}_{i1} \in [-\widetilde{f}_i^+ - h_i^{'}, +\widetilde{f}_i^+ + h_i^{'}] - \frac{1}{2}\alpha_{i1}\frac{\left|\dot{\tilde{\xi}}_{i1}\right|}{\left|\tilde{\xi}_{i1}\right|^{1/2}} - \alpha_{i2} sign(\tilde{\xi}_{i1}). \end{array} \tag{3.80}$$

Considérons le plan de phase $(\tilde{\xi}_{i1}, \dot{\tilde{\xi}}_{i1})$ et supposons que $\tilde{\xi}_{i1} > 0$ et $\dot{\tilde{\xi}}_{i1} > 0$, alors la trajectoire (3.80) est limitée à rester entre l'axe $\tilde{\xi}_{i1} = 0$, $\dot{\tilde{\xi}}_{i1} = 0$ et la courbe définie par la solution de l'équation suivante :

$$\ddot{\tilde{\xi}}_{i1} = -(\alpha_{i2} - \widetilde{f}_i^+ - h_i^{'}). \tag{3.81}$$

Dénotons $\tilde{\xi}_{i1,M} := \tilde{\xi}_{i1}(t_{iM})$ l'intersection de la trajectoire (3.81), à l'instant t_{iM}, pour i = 1,2 ; avec l'axe $\dot{\tilde{\xi}}_{i1} = 0$. En intégrant deux fois l'équation (3.81) de $t = 0$ à t_{iM}, nous trouvons :

$$\begin{array}{rcl} \dot{\tilde{\xi}}_{i1}(t_{iM}) & = & \dot{\tilde{\xi}}_{i1,0} - (\alpha_{i2} - \widetilde{f}_i^+ - h_i^{'})t_{iM} \\ \tilde{\xi}_{i1}(t_{iM}) & = & \dot{\tilde{\xi}}_{i1,0}t_{iM} - \frac{t_{iM}^2}{2}(\alpha_{i2} - \widetilde{f}_i^+ - h_i^{'}), \end{array} \tag{3.82}$$

où $\dot{\tilde{\xi}}_{i1,0}$ est la valeur de $\dot{\tilde{\xi}}_{i1}$ lorsque $\tilde{\xi}_{i1} = 0$. Ensuite, sur l'axe $\dot{\tilde{\xi}}_{i1} = 0$, la première équation de (3.82) se lit comme :

$$\dot{\tilde{\xi}}_{i1}(t_{iM}) = \dot{\tilde{\xi}}_{i1,0} - (\alpha_{i2} - \widetilde{f}_i^+ - h_i^{'})t_{iM} = 0, \tag{3.83}$$

de (3.83) on a $t_{iM} = \frac{\dot{\tilde{\xi}}_{i1,0}}{(\alpha_{i2} - \widetilde{f}_i^+ - h_i^{'})}$ Mettons au carré la première ligne de l'équation (3.82) et remplaçant t_{iM}^2 dans la deuxième équation de la même équation, nous obtenons :

$$\dot{\tilde{\xi}}_{i1,0}^2 \quad = \quad 2(\alpha_{i2} - \widetilde{f}_i^+ - h_i^{'})\tilde{\xi}_{i1,M}. \tag{3.84}$$

En outre, dans le quadrant $(\tilde{\xi}_{i1} > 0, \dot{\tilde{\xi}}_{i1} \geq 0)$, pour i=1, 2 ; on a :

$$\ddot{\tilde{\xi}}_{i1} \leq +\widetilde{f}_i^+ + h_i^{'} - \frac{1}{2}\alpha_{i1}\frac{\left|\dot{\tilde{\xi}}_{i1}\right|}{\left|\tilde{\xi}_{i1}\right|^{1/2}} - \alpha_{i2} sign(\tilde{\xi}_{i1}) < 0, \tag{3.85}$$

montre que la trajectoire du système (3.79) se rapproche de l'axe $\dot{\tilde{\xi}}_{i1} = 0$, pour i=1,2 ; et elle est majorée par la courbe :

$$\dot{\tilde{\xi}}_{i1}^2 = 2(\alpha_{i2} - \widetilde{f}_i^+ - h_i^{'})(\tilde{\xi}_{i1,M} - \tilde{\xi}_{i1}). \tag{3.86}$$

En revanche, dans le quadrant ($\tilde{\xi}_{i1} > 0, \dot{\tilde{\xi}}_{i1} \leq 0$), pour i=1,2 ; les courbes majorants sont données par les segments :

i) de $(\tilde{\xi}_{i1,M}, 0)$ à $(\tilde{\xi}_{i1,M}, -\frac{2}{\alpha_{i1}}(\widetilde{f}_i^+ + h_i^{'} + \alpha_{i2})\tilde{\xi}_{i1,M}^{1/2})$

ii) de $(\tilde{\xi}_{i1,M}, -\frac{2}{\alpha_{i1}}(\widetilde{f}_i^+ + h_i^{'} + \alpha_{i2})\tilde{\xi}_{i1,M}^{1/2}) = (\tilde{\xi}_{i1,M}, \dot{\tilde{\xi}}_{i1,M})$ à $(0, \dot{\tilde{\xi}}_{i1,M})$

où

$$\dot{\tilde{\xi}}_{i1,M} = -\frac{2}{\alpha_{i1}}(\widetilde{f}_i^+ + h_i^{'} + \alpha_{i2})\tilde{\xi}_{i1,M}^{1/2}. \tag{3.87}$$

De l'équation (3.84) et (3.87), il est possible d'établir la relation suivante (voir [113], pour plus de détails) :

$$\frac{\dot{\tilde{\xi}}_{i1,M}^2}{\dot{\tilde{\xi}}_{i1,0}^2} = \frac{-\frac{4}{\alpha_{i1}^2}(\widetilde{f}_i^+ + h_i^{'} + \alpha_{i2})^2\tilde{\xi}_{i1,M}}{2(\alpha_{i2} - \widetilde{f}_i^+ - h_i^{'})\tilde{\xi}_{i1,M}}. \tag{3.88}$$

De (3.88), il est possible d'écrire :

$$\frac{\left|\dot{\tilde{\xi}}_{i1,M}\right|}{\left|\dot{\tilde{\xi}}_{i1,0}\right|} = \sqrt{\frac{2}{(\alpha_{i2} - \widetilde{f}_i^+ - h_i^{'})}}\frac{(\widetilde{f}_i^+ + h_i^{'} + \alpha_{i2})}{\alpha_{i1}} \leq \mu_i < 1, \tag{3.89}$$

où $\mu_i = \frac{1-p_i}{1+p_i}$.

Alors, pour $\alpha_{i2} > \widetilde{f}_i^+ + h_i^{'}$ et $\alpha_{i1} > \sqrt{\frac{2}{(\alpha_{i2} - \widetilde{f}_i^+ - h_i^{'})}}\frac{(\widetilde{f}_i^+ + h_i^{'} + \alpha_{i2})}{\mu_i}$, la convergence de l'observateur est garantie.

Pour prouver la convergence en temps fini de l'observateur, nous calculons le temps de tel sorte la trajectoire du système (3.76) croise l'axe $\tilde{\xi}_{i1} = 0$, à l'instant $t_{i,j}$, pour $i = 1, 2$; successivement.
Notons que $\dot{\tilde{\xi}}_{i1,0}$, $\dot{\tilde{\xi}}_{i1,M} = \dot{\tilde{\xi}}_{i1,1}$ et $\dot{\tilde{\xi}}_{i1,j}$, pour j=1,2,... ; les points de croisement consécutifs de trajectoire de système (3.76) au départ de $(0, \dot{\tilde{\xi}}_{i1,0})$ avec l'axe $\tilde{\xi}_{i1} = 0$.
D'où, pour

$$\dot{\tilde{\xi}}_{i2} = \widetilde{F}_i - \alpha_{i2} sign(\tilde{\xi}_{i1})$$

il suit que

$$0 < \alpha_{i2} - \widetilde{f}_i^+ \leq \left|\dot{\tilde{\xi}}_{i2}\right| \leq \alpha_{i2} + \widetilde{f}_i^+.$$

Cette inégalité tient dans un petit voisinage de l'origine.

Ensuite, $\left|\tilde{\xi}_{i2}\right| = \left|\dot{\tilde{\xi}}_{i1,j}\right| \geq (\alpha_{i2} - \widetilde{f}_i^+)t_{i,j}$, où $t_{i,j}$ est le temps de j^{me} l'intersection de la trajectoire du système (3.76) avec l'axe $\tilde{\xi}_{i1} = 0$. D'où :

$$t_{i,j} \leq \frac{\left|\dot{\tilde{\xi}}_{i1,j}\right|}{\alpha_{i2} - \widetilde{f}_i^+},$$

et le temps total de convergence est donné par :

$$T_i \leq \sum_j \frac{\left|\dot{\tilde{\xi}}_{i1,j}\right|}{(\alpha_{i2} - \widetilde{f}_i^+)}.$$

Donc, T_i, pour i=1,2 ; est limité, d'où les états estimés convergent vers les états réels en temps fini.

3.6.6 Résultats de simulation

Les résultats présentés ci-dessous montrent les performances de l'observateur par modes glissant d'ordre supérieur en utilisant l'environnement Matlab/Simulink. Les tests sont effectués sur le Benchmark "Commande sans capteur mécanique". L'observateur est testé en boucle ouverte en utilisant les courants et les tensions obtenus de la commande par Backstepping.

Les figures 3.16 et 3.17 montrent les résultats de simulation en utilisant les paramètres nominaux de la machine. Ces figures illustrent les bonnes performances de l'observateur, la vitesse observée converge vers la vitesse mesurée avec une erreur d'observation très faible.

Les figures 3.18 et 4.12 montrent des zoom sur l'observation de la position dans le cas nominal. La convergence en temps fini (figure 3.18) de l'observateur de position et ses performances à vitesse nulle (figure 3.18) sont illustrées par ces figures.
Pour vérifier la robustesse de l'observateur nous avons effectué des variations paramétriques sur le modèle par rapport aux valeurs identifiées.

Les figures 3.22-3.21 et 3.22-3.23 montrent respectivement une variation de +50% et de -50% sur la résistance statorique. Ces résultats sont globalement similaires aux résultats obtenus avec des paramètres nominaux, cette insensibilité peut être justifiée par l'estimation en ligne de la résistance statorique.

Les figures 3.24 et 3.25 montrent respectivement une variation de +20% et de -20% sur les valeurs des inductances statoriques. Sur ces figures on peut remarquer que l'observateur est peu sensible aux variations des inductances statoriques.

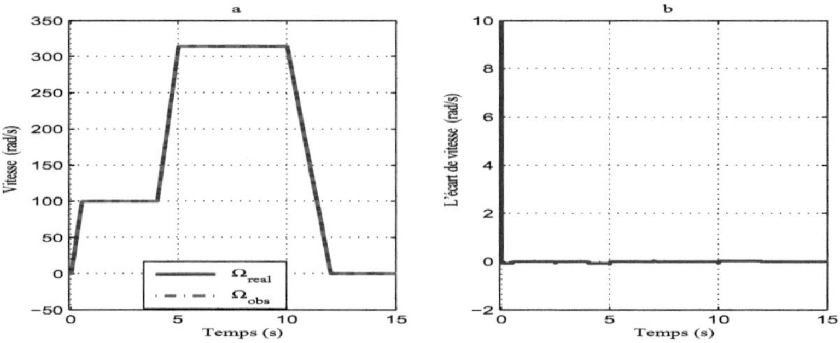

FIGURE 3.16 – Cas nominal. **a.** Vitesse observée & Vitesse mesurée **b.** Erreur de suivi de vitesse.

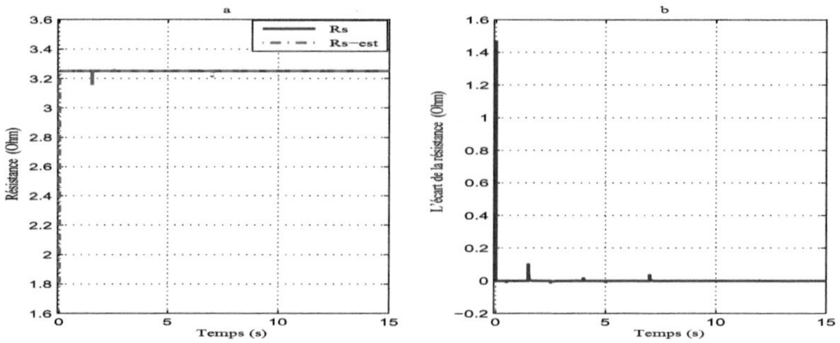

FIGURE 3.17 – Cas nominal. **a.** Résistance estimée & Résistance de la machine **b.** Erreur d'estimation.

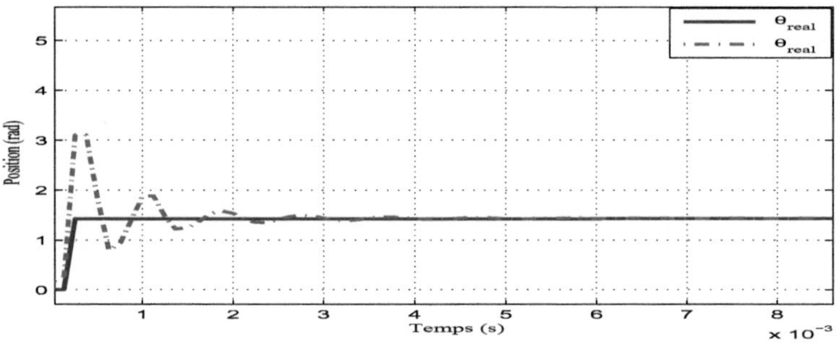

FIGURE 3.18 – Cas nominal. Position observée & Position réelle

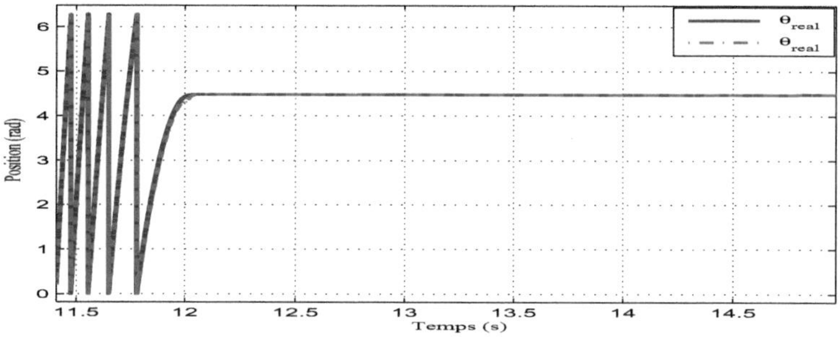

FIGURE 3.19 – Cas nominal. Position observée & Position réelle

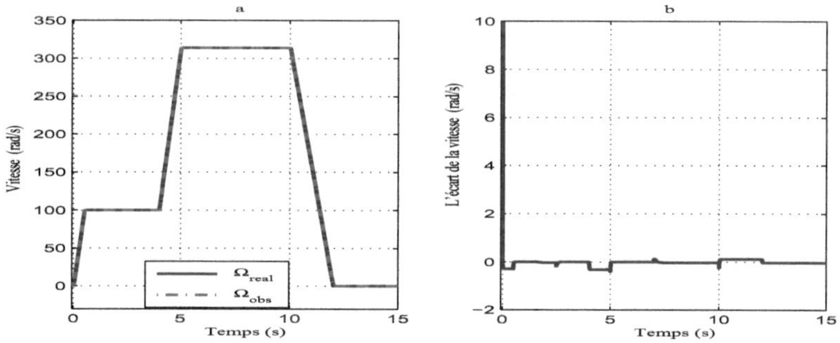

FIGURE 3.20 – +50% Rs. **a.** Vitesse observée & Vitesse réelle **b.** Erreur d'observation.

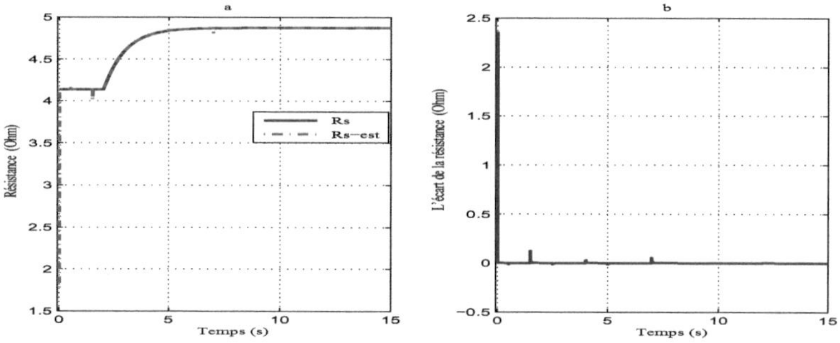

FIGURE 3.21 – +50% Rs. **a.** Résistance estimée & Résistance de la machine **b.** Erreur d'estimation.

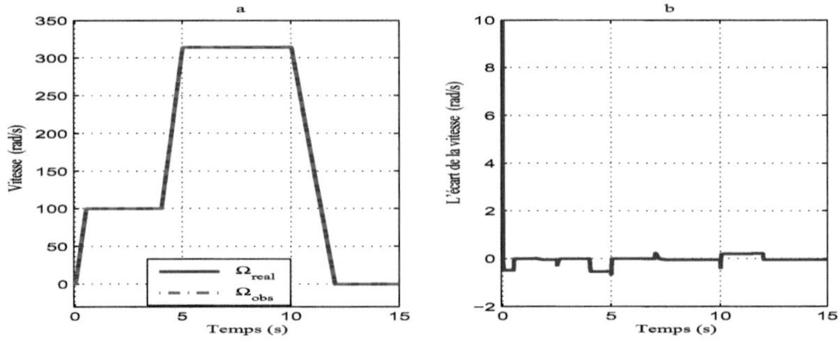

FIGURE 3.22 – -50% Rs. **a.** Vitesse observée & Vitesse réelle **b.** Erreur d'observation.

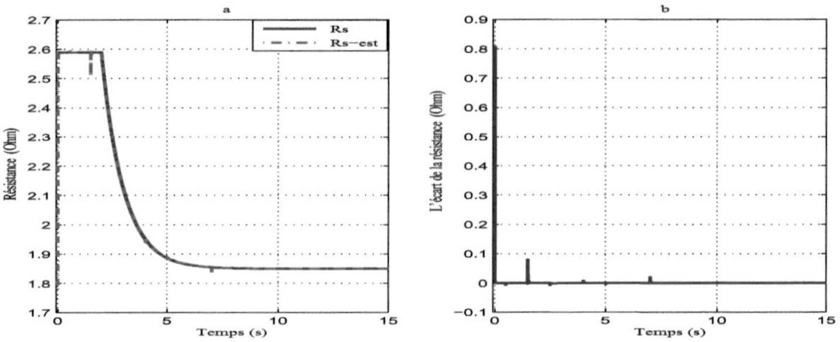

FIGURE 3.23 – -50% Rs. **a.** Résistance estimée & Résistance de la machine **b.** Erreur d'estimation.

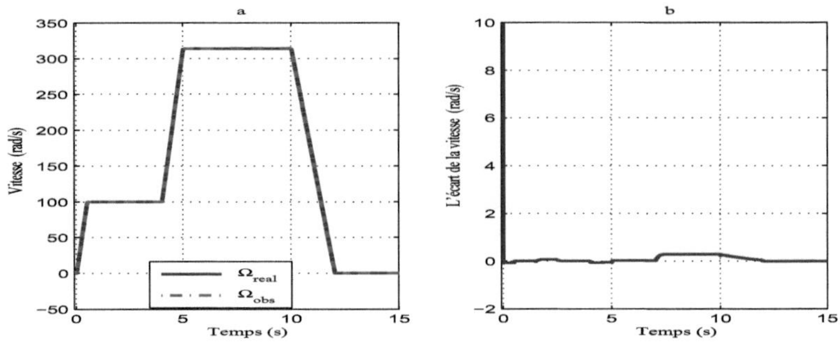

FIGURE 3.24 – +20%Ld,Lq. **a.** Vitesse observée & Vitesse réelle **b.** Erreur d'observation.

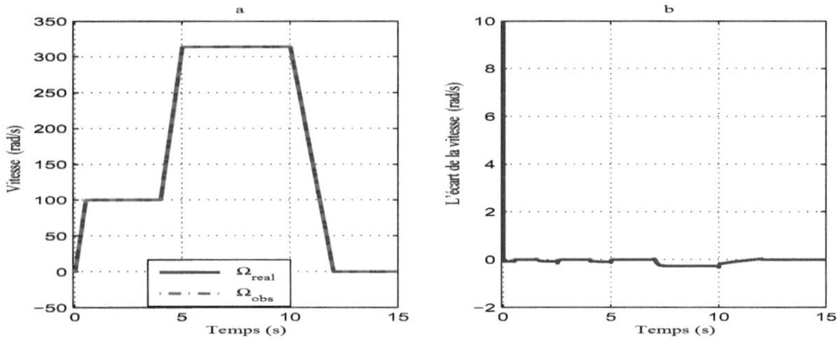

FIGURE 3.25 – -20%Ld,Lq. **a.** Vitesse observée & Vitesse réelle **b.** Erreur d'observation.

3.7 Comparaison synthétique

Une synthèse des différents résultats donnés dans ce chapitre peut être résumée par le tableau ci-dessous

TABLE 3.2 – Performances globales des observateurs conçus

	Observateur	
	Adaptatif Interconnecté	Super Twisting
Test expérimental	$d-q$	$d-q$
$+50\%R_s$	∗ ∗ ∗ ∗ ∗	∗ ∗ ∗ ∗ ∗
$-50\%R_s$	∗ ∗ ∗ ∗ ∗	∗ ∗ ∗ ∗ ∗
$+20\%L_d, L_q$	∗ ∗ ∗∗	∗ ∗ ∗
$-20\%L_d, L_q$	∗ ∗ ∗∗	∗ ∗ ∗
Estimation du T_l	Oui	Non
Facilité de réglage	∗ ∗ ∗	∗ ∗ ∗ ∗ ∗
Type de convergence	Exponentielle	Temps fini
Temps de calcul	13 μ	7 μ

Remarque 18 *Le tableau comparatif précédent est provisoire. Ce tableau sera complété après la finalisation de toutes les expérimentations. Dans ce cas, les lois de commande sans capteur mécanique seront comparées dans les mêmes conditions de tests.*

3.8 Conclusion

Après avoir brièvement rappelé les principales raisons d'observer certaines grandeurs de la machine synchrone, nous avons rappelé les techniques utilisées pour la détection de la vitesse et de la position de la machine synchrone. Dans notre travail nous nous sommes intéressés à la technique basée sur les observateurs d'état, nous avons d'abord présenté quelques-uns des nombreux types d'observateurs utilisés pour la commande sans capteur de la machine synchrone à aimant permanent. Le premier observateur présenté dans ce chapitre concerne la machine synchrone à pôles lisses est de type adaptatif (Kalman like), dont le but de la synthèse est de rendre l'observateur proposé dans [62] robuste vis-à-vis les incertitudes sur l'inductance statorique, cet objectif a été réalisé avec l'estimation en ligne de l'inductance statorique, cet observateur a été validé expérimentalement.

Le deuxième observateur est aussi de type adaptatif interconnecté a été conçu pour la machine à pôles saillants cette fois ci. Après avoir présenté le modèle de la machine sous une forme interconnectée, un observateur adaptatif a été développé pour chaque sous-système dont le but est de concevoir un observateur pour le modèle complet de la machine. La stabilité pratique de ces observateurs est assurée par l'utilisation de la théorie de Lyapunov.

Ensuite, nous avons proposé un observateur par modes glissants d'ordre supérieur en utilisant l'algorithme du *super twisting*. Pour cet observateur un changement de variable est nécessaire pour que l'algorithme soit applicable sur le modèle de la machine synchrone (*i.e* pour deux systèmes interconnectés). Donc la technique des observateurs interconnectés a été aussi exploitée pour l'observateur par modes glissants d'ordre supérieur. La convergence en temps fini est garantie pour cet observateur. Cet observateur a été testé en simulation sur le Benchmark industriel [60].

Les observateurs proposés ont montré des bonnes qualités de suivi et de robustesse vis-à-vis des variations paramétriques et des perturbations externes.

Dans le chapitre suivant, les deux derniers observateurs dédiés au moteur à pôles saillants seront associés à des lois de commande dans le but de réaliser des commandes non linéaires robustes sans capteur mécanique de la machine synchrone à pôles saillants.

Chapitre 4

Lois de Commande non linéaires Sans Capteur mécanique

4.1 Introduction

Certaines machines synchrones à aimants permanents présentent de faibles moments d'inertie ce qui leur confère une dynamique caractérisée par de très faibles constantes de temps et permet de concevoir des commandes de vitesse, de couple ou de position avec des performances dynamiques très intéressantes [124]. Le modèle du moteur synchrone à aimants permanents correspond à un système non linéaire multivariable fortement couplé ; c'est pour cette raison que sa commande est plus complexe que celle d'une MCC.

La mise en œuvre des aimants permanents à base de terre rare, le développement de l'électronique de puissance et la progression des organes de commande numérique à fort degré d'intégration ont ouvert la voie de nouvelles stratégies de commande.

La machine synchrone est un système fortement non linéaire et les non linéarités présentes dans son modèle ne peuvent être négligées. Les techniques de commande linéaires ne sont donc applicables que dans un domaine de fonctionnement restreint. Deux approches ont été abordées dans la littérature pour commander les systèmes non linéaires. La première est basée sur la linéarisation exacte du système à commander afin de profiter des techniques linéaires. Ensuite, les recherches se sont orientées vers des méthodes mieux adaptées à la nature non linéaire des systèmes. De plus la mauvaise connaissance de certains paramètres et de perturbations externes comme le couple de charge demande que les commandes utilisées soient par nature robustes. Les méthodes de commande non linéaires robustes utilisées dans nos travaux seront la commande par backstepping et la commande par modes glissants.

Dans la littérature, il existe plusieurs techniques de commande appliquées à la machine synchrone parmi lesquelles on trouve :

4.1.1 La commande vectorielle par des régulateurs PID

L'objectif de la commande vectorielle des MSAP est de contrôler le couple de manière optimale selon des critères choisis. Ce critère correspond à la minimisation des pertes Joule pour les machines à pôles lisses et de maximiser le couple pour les machines à pôles saillants. Pour simplifier la commande, le courant i_d est généralement asservi à zéro afin d'obtenir un couple soit proportionnel à i_q (voir la relation (2.11)). Les régulateurs PID est largement utilisé pour la commande vectorielle de la machine synchrone.

De fait de son simplicité de réglage et la facilité d'implémentation le régulateur proportionnel intégral dérivé (PID) s'est imposé à plus de 90% des besoins industriels [92], il permet de fournir un signal de commande en tenant compte de l'évolution du signal de sortie par rapport à la consigne où l'écart statique est éliminé grâce au terme intégrateur. L'action dérivée du régulateur permet de contrôler les variations rapides de la sortie. Les performances fournies par le régulateur PID ne sont pas les meilleures par rapport aux autres techniques de régulation surtout de point de vue robustesse devant les variations paramétriques importantes des systèmes. Les progrès de l'automatique et les possibilités de l'électronique numérique offrent la possibilité de concevoir d'autres techniques de commande robuste.

4.1.2 Commande par linéarisation entrées-sorties

Les méthodes basées sur la linéarisation constituaient jusqu'à récemment, l'essentiel des techniques utilisées pour la commande des systèmes non linéaires. Elles permettent moyennant des approximations et/ou des transformations, de ramener les équations du système sous une forme linéaire. Une fois la linéarisation faite, il est fait appel à toute technique de commande linéaire pour atteindre les performances désirées. L'avantage principal de cette technique réside dans son formalisme mathématique pour la linéarisation exacte des modèles non linéaires par bouclage ce qui permet d'obtenir un modèle simple et des techniques de commandes linéaires peuvent alors être mise en œuvre [125]. Voir aussi [126], [127], [128].

L'inconvénient majeur de cette stratégie réside dans sa sensibilité devant les variations paramétriques de la machine synchrone et le couple de charge qui pourraient fausser la compensation des non linéarités du modèle [129]. Dans [127] une technique de linéarisation exacte est utilisée pour pouvoir appliquer un régulateur Proportionnel Intégrale (PI). Dans [128] une commande prédictive est appliquée sur le modèle linéarisé de la machine synchrone. Les auteurs ont associé des observateurs pour l'estimation de la charge pour éviter son impact sur les systèmes linéarisés.

4.1.3 Commande par backstepping

La commande par backstepping présente un grand intérêt pour la commande des systèmes non linéaires sous certaines conditions structurelles du système [130]. Cette technique met à profit les relations causales successives pour construire de manière itérative et systématique une loi de commande et une fonction de Lyapunov stabilisante. L'idée de base de cette technique consiste à garantir que la dérivée d'une fonction candidate de Lyapunov définie positive, soit toujours négative. Le calcul de la commande par backstepping se fait étape par étape, le système est fragmenté en un ensemble de sous-systèmes imbriqués. Le calcul de la fonction de Lyapunov s'effectue récursivement en partant de l'intérieur de la boucle (dans le cas de la machine synchrone successivement les variables courant, vitesse et puis position) la stabilisation des boucles se fait via des entrées virtuelles. Á chaque étape, l'ordre du système contrôlé est augmenté de un et ainsi de suite jusqu'à l'apparition de l'entrée réelle. La fonction de Lyapunov calculée dans la dernière étape correspond au système global. Cette technique offre la possibilité de conserver dans le bouclage les non-linéarités stabilisantes [131].
La commande par backstepping est largement utilisée pour contrôler la machine synchrone [52], [132], [133]. Dans [52], une commande adaptative par backstepping est proposée. Dans cet article, le couple de charge et les inductances statoriques sont estimés en ligne tandis que la vitesse est supposée connue, les résultats présentés dans le papier montrent la robustesse de la technique proposée, mais son inconvénient est l'utilisation d'un capteur mécanique pour la mesure de la vitesse. Dans [54], une commande de type backstepping est proposée pour la commande sans capteur de la machine synchrone. Cette commande est associée à un observateur non-linéaire adaptatif pour l'observation de la vitesse, la stabilité en boucle fermée (observateur + commande) n'est pas prouvée dans ce travail. Dans [133] est proposé une commande par backstepping en exploitant la saillance de la machine c'est à dire sans asservir le courant i_d à zéro, cette technique est intéressante à haute vitesse où la machine a besoin d'un couple important.

4.1.4 Commande par modes glissants

Introduite par [134], la commande par modes glissants est une techniques de commande non linéaire. Son idée de base est de forcer l'état du système, via une commande discontinue, à évoluer en temps fini sur une surface dite de glissement. Plusieurs recherches ont montré que ce type de loi de commande assure de bonnes performances en présence de perturbations ainsi que de dynamiques non modélisées dans les systèmes à commander. Cependant, le phénomène dit de *chattering* qui est caractérisé par des oscillations à haute fréquence autour de la surface de glissement reste l'inconvénient majeur de cette technique, ce phénomène est dû aux fonctions discontinues *sign* utilisées pour annuler l'erreur de poursuite, Le *chattering* peut provoquer d'importantes sollicitations mécaniques au niveau des actionneurs et à terme engendrer leur usure rapide. Plusieurs solutions ont été proposées pour réduire ce phénomène parmi lesquelles on trouve l'approche basée sur les modes glissants d'ordre supérieur dans laquelle s'inscrivent les techniques utilisées dans nos travaux.

Dans [19], une commande et un observateur par modes glissants d'ordre 1 sont proposés pour la commande sans capteur de la machine synchrone à pôles saillants. La résistance et le couple de charge sont obtenus en utilisant un observateur par mode glissant classique. Les auteurs présentent uniquement des résultats à vitesse moyenne et à haute vitesse où en peut remarquer l'effet des fonctions discontinues notamment sur les courants. Dans [100], un observateur par modes glissants est proposé permettant d'estimer la vitesse de la machine synchrone, pour diminuer l'effet du chattering, les auteurs ont remplacé les fonctions discontinues par des fonctions sigmoïdes réglables, cet observateur est combiné avec une commande linéaire de type proportionnelle intégrale (PI), les résultats obtenus montrent que l'ensemble fonctionne bien à haute vitesse mais à basse vitesse les performance sont dégradées. Dans [135], une commande par modes glissants est utilisée avec un algorithme d'adaptation pour estimer la résistance et l'inductance stotorique. Cette commande est associée à un observateur par modes glissants classiques (d'ordre un), le système est testé seulement à vitesse moyenne et à haute vitesse. De plus la preuve de stabilité en boucle fermée n'est pas abordée dans ce travail.

4.2 Stratégie de maximisation du couple

Pour les machines à pôles saillants, l'épaisseur active de l'entrefer est plus faible que celle équivalente de la machine à aimants surfaciques. De plus, les inductances dans l'axe d et dans l'axe q de la machine à aimants permanents enterrés sont différentes ($L_d \neq L_q$). Ainsi, le couple réluctant existe et la densité de couple peut être plus élevée que la machine à aimants permanents surfaciques équivalente. Pour améliorer les performances de la machine synchrone à pôles saillants, de nombreuses solutions ont été proposées. Dans [136], une méthode de maximisation du couple (MTPA) a été proposée, son principe est d'utiliser le couple réluctant généré par l'interaction des courants des axes d et q.

Pour les machines à aimants permanents avec pôles saillants, l'expression générale du couple s'écrit comme ci-dessous :

$$T_e = p[\phi_f i_q + (L_d - L_q) i_d i_q]. \tag{4.1}$$

L'expression (4.1) comprend 2 termes, le premier terme $p\phi_f i_q$, est le couple hybride dû à la réaction entre le flux à vide et le courant i_q, le deuxième $p(L_d - L_q) i_d i_q$ est le couple réluctant.

Pour les machines à rotor lisse, où le couple ne dépend que de la composante en quadrature du courant, la valeur optimale du courant direct est évidemment zéro [137]. Pour raison de simplicité plusieurs techniques de commande ont été proposées pour contrôler la machine synchrone à pôles saillants en forçant le courant i_d à zéro [52] de manière que le couple soit proportionnel à i_q. Ces approches n'ont pas utilisé efficacement le couple électromagnétique de la MSAPPS. Mais dans les machines à pôles saillants, la valeur optimale du courant de l'axe direct peut être fixée à une valeur qui correspond au couple maximal [138].

La stratégie MTPA fournit un rapport couple/courant maximal, ce qui augmente l'efficacité du moteur [138]. Pour assurer la pleine utilisation du couple réluctant et exploiter le moteur avec une efficacité optimale, le courant de référence i_d^* est déterminé en utilisant la stratégie MTPA.

En utilisant cette technique, le courant référence i_d^* est obtenu en dérivant (4.1) par rapport à i_d et en fixant l'expression résultante à zéro. Le couple optimal est alors obtenu en utilisant la référence du courant i_d obtenu.

La relation entre i_d, i_q et le courant de phase statorique I_a est donnée par :

$$I_a^2 = i_q^2 + i_d^2. \tag{4.2}$$

À partir de (4.2) :

$$i_q^2 = I_a^2 - i_d^2. \tag{4.3}$$

En remplaçant i_q par sa valeur donnée par (4.3) dans (4.1), on obtient l'expression de couple suivante :

$$T_e = p[\phi_f + (L_d - L_q)i_d]\sqrt{I_a^2 - i_d^2}. \tag{4.4}$$

L'expression de la variation de couple par rapport au courant d'axe d est :

$$\frac{\partial T_e}{\partial i_d} = p\frac{[-\phi_f i_d + (L_d - L_q)(I_a^2 - i_d^2) - (L_d - L_q)i_d^2]}{\sqrt{I_a^2 - i_d^2}}. \tag{4.5}$$

Alors, le maximum du couple peut être obtenu à partir $\frac{\partial T_e}{\partial i_d} = 0$:

$$2i_d^2 + \frac{\phi_f}{(L_d - L_q)}i_d - I_a^2 = 0. \tag{4.6}$$

Á partir de (4.2) et (4.6), le courant de référence i_d^* peut être donné par cette équation :

$$i_d^* = -\frac{\phi_f}{2(L_d - L_q)} - \sqrt{\frac{\phi_f^2}{4(L_d - L_q)^2} + i_q^2}. \tag{4.7}$$

De cette façon, nous pouvons déterminer le couple optimal de la machine qui sera utilisé dans la suite de ce travail. La commande revient alors à contrôler les deux composantes i_d et i_q du courant statorique en imposant les tensions v_d et v_q qui conviennent.

4.3 Commande par Backstepping

4.3.1 Introduction

Nous utilisons ici une technique basée sur la commande par backstepping pour synthétiser une commande de type vectorielle de la MSAP à pôles saillants. Dans le cadre de la poursuite de trajectoire, l'idée de base de la commande par backstepping est de rendre le système bouclé, équivalent à des sous-systèmes d'ordre un en cascade stables au sens de Lyapunov, ce qui lui confère des qualités de robustesse et une stabilité globale asymptotique de l'erreur de poursuite. Pour une large classe de systèmes, cette technique est une méthode systématique et récursive de synthèse de lois de commande non linéaire. Ainsi à chaque étape du processus, une commande virtuelle est générée pour assurer la convergence des sous-systèmes d'ordre un caractérisant la poursuite de trajectoires vers leurs états d'équilibre (erreurs de poursuite nulles dans le cas déterministe et non perturbé). Cette technique permet la synthèse de lois de commande robustes malgré une certaine méconnaissance des paramètres du système et de certaines perturbations. Ici nous améliorons la robustesse de cette technique par l'introduction de termes intégraux dans la conception de la commande. C'est cette stratégie de commande qui va être appliquée sur la MSAP par la suite.

4.3.2 Conception de la commande par Backstepping pour la MSAPPS [106]

Boucle de vitesse. Considérons le modèle de la MSAPPS (2.15). Dans le but de concevoir une loi de commande de type backstepping avec termes intégraux permettant d'assurer le suivi robuste de vitesse pour la machine, on définit l'erreur de poursuite en vitesse

$$z_\Omega = \Omega^* - \Omega + k'_\Omega \int_0^t (\Omega^* - \Omega)dt, \tag{4.8}$$

avec $k'_\Omega \int_0^t (\Omega^* - \Omega)dt$ une action intégrale ajoutée à la commande par backstepping afin d'assurer la convergence de l'erreur de poursuite vers zéro pour une classe de perturbation apparaissant à ce niveau de la "structure" du système. En remplaçant i_q par i_q^*, la dynamique d'erreur de vitesse provenant de (4.89) est donnée par :

$$\dot{z}_\Omega = \dot{\Omega}^* - \frac{p}{J}(L_d - L_q)i_d i_q^* + \frac{f_v}{J}\Omega - \frac{p}{J}\Phi_f i_q^* + \frac{1}{J}T_l + k'_\Omega(\Omega^* - \Omega). \tag{4.9}$$

Considérons la fonction de Lyapunov candidate suivante $V_\Omega = \frac{1}{2}z_\Omega^2$, la dérivée temporelle de cette fonction est donnée par :

$$\dot{V}_\Omega = z_\Omega \; \{\dot{\Omega}^* - \frac{p}{J}(L_d - L_q)i_d i_q^* + \frac{f_v}{J}\Omega - \frac{p}{J}\Phi_f i_q^* + k'_\Omega(\Omega^* - \Omega)\}. \tag{4.10}$$

Suivant la méthodologie du backstepping, en choisissant la commande virtuelle i_q^* par la relation suivante :

$$i_q^* = \frac{J}{p\Phi_f + \frac{p}{J}(L_d - L_q)i_d}[k_\Omega z_\Omega + \dot{\Omega}^* + \frac{f_v}{J}\Omega + k'_\Omega(\Omega^* - \Omega)], \tag{4.11}$$

alors

$$\dot{V}_\Omega = -k_\Omega z_\Omega^2,$$

où k_Ω est une constante positive.

Boucle de courant i_q.

Une fois l'entrée virtuelle i_q^* définie dans la première boucle, pour calculer la loi de commande v_q du système complet, on définit l'erreur sur le courant i_q de la manière suivante :

$$z_q = i_q^* - i_q + z'_q, \tag{4.12}$$

avec $z'_q = k'_q \int_0^t (i_q^* - i_q)dt$ une action intégrale. Considérons la fonction candidate de Lyapunov suivante :

$$V_q = V_\Omega + \frac{1}{2}z_q^2 + \frac{1}{2}z_q'^2. \tag{4.13}$$

La dynamique de V_q est donnée par cette équation :

$$\begin{aligned} \dot{V}_q &= -k_\Omega z_\Omega^2 + z_q\{\frac{di_q^*}{dt} - \frac{di_q}{dt} + k'_q(i_q^* - i_q)\} + z'_q k'_q(i_q^* - i_q) \\ &= -k_\Omega z_\Omega^2 + z_q\{\frac{di_q^*}{dt} + \frac{R_s}{L_q}i_q + p\frac{L_d}{L_q}\Omega i_d + p\frac{1}{L_q}\Phi_f\Omega - \frac{1}{L_q}v_q + k'_q(i_q^* - i_q)\} \\ &+ z'_q k'_q(i_q^* - i_q). \end{aligned} \tag{4.14}$$

En choisissant la loi de commande v_q suivante :

$$v_q = L_q[k_q z_q + 2\frac{p}{J}\Phi_f z_\Omega + p\frac{\Phi_m}{L_q}\Omega + \frac{R_s}{L_q}i_q + \frac{di_q^*}{dt}], \tag{4.15}$$

la dynamique de V_q devient :

$$\dot{V}_q = -k_\Omega z_\Omega^2 - k_q z_q^2 + \{z_q + z'_q\}k'_q(i_q^* - i_q). \tag{4.16}$$

Comme $i_q^* - i_q = z_q - z'_q$, alors (4.16) devient :

$$\begin{aligned} \dot{V}_q &= -k_\Omega z_\Omega^2 - \{k_q - k'_q\}z_q^2 - k'_q z_q'^2 \\ &\leq -\overline{K}_q V_q \end{aligned} \tag{4.17}$$

où $\overline{K}_q = min\{k_\Omega, \{k_q - k'_q\}, k'_q\}$. Alors, sous la loi de commande v_q, le courant i_q suit sa référence i_q^*, *i.e.* $i_q \to i_q^*$; et comme i_q^* est calculé pour que la vitesse suive sa référence, *i.e.* ($\Omega \to \Omega^*$). D'où, le premier objectif de la commande est réalisé.

Boucle de courant i_d.

Le courant de l'axe direct (i_d) est asservi à laréférence calculée par la stratégie de maximisation du couple afin d'améliorer les performances de la machine. On définit l'erreur sur le courant de la manière suivante :

$$z_d = i_d^* - i_d + z_d',$$

avec $z_d' = k_d' \int_0^t (i_d^* - i_d)dt$ l'action intégrale. Considérons la fonction candidate de Lyapunov suivante :

$$V_d = \tfrac{1}{2}z_d^2 + \tfrac{1}{2}z_d'^2, \tag{4.18}$$

sa dérivée temporelle est donnée par :

$$\dot{V}_d = z_d\{-\frac{di_d}{dt} - k_d' i_d\} + z_d'\{-k_d' i_d\},$$

i_d peut être remplacé par $i_d = z_d' - z_d + i_d^*$ dans l'équation précédente, nous obtenons :

$$\dot{V}_d = z_d\{\frac{R_s}{L_d}i_d - p\frac{L_q}{L_d}\Omega i_q - \frac{1}{L_d}v_d\} + k_d'\{z_d + z_d'\}\{z_d - z_d'\}. \tag{4.19}$$

Alors, en choisissant la loi de commande v_d comme suit :

$$v_d \quad = \quad L_d[k_d(i_d^* - i_d + k_d' \textstyle\int_0^t (i_d^* - i_d)dt) + \frac{R_s}{L_d}i_d - p\frac{L_q}{L_d}i_q\Omega], \tag{4.20}$$

et en remplaçant dans (4.19), on trouve

$$\dot{V}_d = -\{k_d - k_d'\}z_d^2 - k_d' z_d'^2.$$

En prenant $\overline{K}_d = min\{\{k_d - k_d'\}, k_d'\}$, il suit que :

$$\dot{V}_d \leq -\overline{K}_d V_d,$$

ce qui implique que sous l'action de commande v_d, le courant i_d suit sa référence désirée, *i.e.* $i_d \to i_d^*$.

En combinant les commandes v_q avec i_q^* et v_d, les objectifs de commande sont réalisés.

4.3.3 Analyse de la stabilité

Le but de ce travail est de concevoir une commande sans capteur robuste pour la machine synchrone à pôles saillants, pour réaliser cet objectif, la commande par backstepping est associée à l'observateur adaptatif interconnecté (voir section 3.5). Pour cela, l'étude de la stabilité du système global (commande par Backstepping + observateur adaptatif interconnecté) est nécessaire afin de prouver la convergence de ce système malgré des variations paramétriques. Nous remplaçons le couple de charge et la vitesse par leur valeurs estimées. Nous considérons la fonction candidate de Lyapunov suivante :

$$V_{oc} \;=\; V_o + V_c, \tag{4.21}$$

avec

$$\begin{aligned} V_c &= V_d + V_q \\ &= \tfrac{1}{2}z_\Omega^2 + \tfrac{1}{2}z_q^2 + \tfrac{1}{2}z_q'^2 + \tfrac{1}{2}z_d^2 + \tfrac{1}{2}z_d'^2, \end{aligned} \tag{4.22}$$

et

$$V_o \;= \epsilon_1^T S_1 \epsilon_1 + \epsilon_2^T S_2 \epsilon_3 + \epsilon_3^T S_3 \epsilon_3. \tag{4.23}$$

La dérivée temporelle de V_o satisfait : $\dot{V}_o \leq \delta V_o + \mu\varphi\sqrt{V_o}$.

En tenant compte que les lois de commande sont en fonction des variables observées, alors la dérivée temporelle de V_c, est donnée par :

$$\begin{aligned} \dot{V}_c &= -k_\Omega z_\Omega^2 + z_q\{\tfrac{di_q^*}{dt} + \tfrac{R_s}{L_q}i_q + p\tfrac{L_d}{L_q}\Omega i_d + p\tfrac{1}{L_q}\Phi_f\Omega - \tfrac{1}{L_q}v_q(\widehat{X}) + k_q'(i_q^* - i_q)\} \\ &+ \; z_q'k_q'(i_q^* - i_q) + z_d\{\tfrac{R_s}{L_d}i_d - p\tfrac{L_q}{L_d}\Omega i_q - \tfrac{1}{L_d}v_d(\widehat{X})\} + k_d'\{z_d + z_d'\}\{z_d - z_d'\}. \end{aligned} \tag{4.24}$$

En réorganisant (4.24), on obtient :

$$\begin{aligned} \dot{V}_c &= -k_\Omega z_\Omega^2 - \{k_q - k_q'\}z_q^2 - k_q'z_q'^2 - \tfrac{1}{L_q}z_q\{v_q(\widehat{X}) - v_q(X)\} \\ &- \; \{k_d - k_d'\}z_d^2 - k_d'z_d'^2 - \tfrac{1}{L_d}z_d\{v_d(\widehat{X}) - v_d(X)\}. \end{aligned} \tag{4.25}$$

Considérons les inégalités suivantes :

$$\begin{aligned} &|z_j|\,\|\epsilon_1\|_{s_1} \leq \tfrac{\xi_{j1}}{2}\,\|\epsilon_1\|_{s_1}^2 + \tfrac{1}{2\xi_{j1}}|z_j|^2 \\ &|z_j|\,\|\epsilon_2\|_{s_2} \leq \tfrac{\xi_{j2}}{2}\,\|\epsilon_2\|_{s_2}^2 + \tfrac{1}{2\xi_{j2}}|z_j|^2 \\ &|z_j|\,\|\epsilon_3\|_{s_3} \leq \tfrac{\xi_{j3}}{2}\,\|\epsilon_3\|_{s_3}^2 + \tfrac{1}{2\xi_{j3}}|z_j|^2 \\ &|v_q(\widehat{X}) - v_q(X)| \leq L_1\{\|\epsilon_1\|_{s_1} + \|\epsilon_2\|_{s_2} + \|\epsilon_3\|_{s_3}\} \\ &|v_d(\widehat{X}) - v_d(X)| \leq L_2\{\|\epsilon_1\|_{s_1} + \|\epsilon_2\|_{s_2} + \|\epsilon_3\|_{s_3}\} \end{aligned} \tag{4.26}$$

$\forall\, \xi_{j1},\, \xi_{j2},\, \xi_{j3} \in\,]0\; 1[$; pour $j = d, q$ en remplaçant les inégalités (4.26) dans (4.25), nous obtenons :

$$\begin{aligned} \dot{V}_{oc} \;\leq\; & -\delta V_o + \mu\varphi\sqrt{V_o} + \vartheta_1\,\|\epsilon_1\|_{s_1}^2 + \vartheta_2\,\|\epsilon_2\|_{s_2}^2 + \vartheta_3\,\|\epsilon_3\|_{s_3}^2 \\ & -\vartheta_4 z_\Omega^2 - \vartheta_5 z_q^2 - \vartheta_6 z_q'^2 - \vartheta_7 z_d^2 - \vartheta_8 z_d'^2 \end{aligned} \tag{4.27}$$

où $\vartheta_1 = \frac{L_1\xi_{q1}}{2Lq} + \frac{L_2\xi_{d1}}{2Ld}$, $\vartheta_2 = \frac{L_1\xi_{q2}}{2Lq} + \frac{L_2\xi_{d2}}{2Ld}$, $\vartheta_3 = \frac{L_1\xi_{q3}}{2Lq} + \frac{L_2\xi_{d3}}{2Ld}$, $\vartheta_4 = k_\Omega$,
$\vartheta_5 = \{k_q - k_q'\} - \frac{L_1}{2Lq}\{\frac{1}{\xi_{q1}} + \frac{1}{\xi_{q2}} + \frac{1}{\xi_{q3}}\}$, $\vartheta_6 = k_q'$, $\vartheta_7 = \{k_d - k_d'\} - \frac{L_2}{2Ld}\{\frac{1}{\xi_{d1}} + \frac{1}{\xi_{d2}} + \frac{1}{\xi_{d3}}\}$, $\vartheta_8 = k_d'$.

En prenant $\vartheta_O = max(\vartheta_1, \vartheta_2, \vartheta_3)$ et $\vartheta_C = min(\vartheta_4, \vartheta_5, \vartheta_6, \vartheta_7, \vartheta_8)$, l'inégalité (4.27) devient :

$$\dot{V}_{oc} \;\leq\; -(\delta - \vartheta_O)V_o + \mu\varphi\sqrt{V_o} - \vartheta_C(z_\Omega^2 + z_q^2 + z_q'^2 + z_d^2 + z_d'^2) \tag{4.28}$$

$$\dot{V}_{oc} \;\leq\; -\eta V_{oc} + \mu\varphi\sqrt{V_{oc}} \tag{4.29}$$

avec $\eta = min(\delta - \vartheta_O, \vartheta_C)$.
Considérons le changement de variable suivant $v_{oc} = 2\sqrt{V_{oc}}$. La dérivée temporelle de v_{oc} satisfait :

$$\dot{v}_{oc} \leq -\eta v_{oc} + \varphi\mu. \tag{4.30}$$

De (4.30) et le théorème 5 on a $\wp(t,l) = -\eta l + \psi\mu$:

$$\dot{l} = \wp(t,l), \quad l(t_0) = l_0 \geq 0. \tag{4.31}$$

L'ensemble des solutions de (4.31) est :

$$\nu_{oc} \quad \leq \quad \nu_{oc}(t_0)e^{-\eta(t-t_0)} + \tfrac{\varphi\mu}{\eta}(1 - e^{-\eta(t-t_0)}). \tag{4.32}$$

En suivant la même méthode que dans le chapitre précédent pour prouver la convergence pratique de l'observateur adaptatif, nous prouvons que (4.31) est pratiquement uniformément fortement stable. Ainsi, les dynamiques des erreurs du système en boucle fermée sont pratiquement uniformément fortement stables dans la boule $B_{\hbar_{oc}}$ de rayon $\hbar_{oc}$ avec $\hbar_{oc} = \frac{\varphi\mu}{\eta}$.
Ensuite, le résultat ci-dessus peut être résumé dans le théorème suivant.

ThÃľorÃĺme 5 *Considérant le modèle de la machine synchrone* (3.32), *en supposant que le signal de référence* Ω^* *est différentiable et borné et en utilisant les estimations fournies par l'observateur adaptatif interconnecté* (3.35)-(3.36) *pour les lois de commandes* (4.20) *et* (4.11)-(4.15), *la stabilité pratique des erreurs de poursuite est obtenue. Les erreurs de poursuites en vitesse et en courant du système convergent dans la boule* $B_{\hbar_{oc}}$ *de rayon* $\hbar_{oc}$ *avec* $\hbar_{oc} = \frac{\varphi\mu}{\eta}$ *(voir* (4.32)*).*

4.3.4 Résultats Expérimentaux

Des expérimentations ont été réalisées afin d'illustrer l'analyse mathématique, les tests sont effectués suivant un benchmark industriel [73] défini dans le cadre du groupe de travail national inter GDR MACS-SEEDS CSE. Le tableau (4.1) donne les paramètres de la machine du banc situé à l'IRCCyN. Les valeurs de la résistance et des inductances statoriques peuvent être changées pour effectuer des tests de robustesse. Leurs effets seront étudiés par la suite.

Les figures 4.2, 4.3, 4.4, 4.5 et 4.6 présentent les résultats expérimentaux de la commande sans capteur appliquée sur la MSAP à pôles saillants. Les résultats sont obtenus en utilisant les paramètres nominaux de la machine.
Les résultats sont obtenus avec une perturbation due au couple de charge nominal appliqué entre les instants $t = 2s$ et $t = 3s$, $t = 6s$ et $t = 9s$, $t = 11s$ et $t = 12s$, $t = 13s$ et $t = 14s$ (voir figure 4.4.a.). On voit bien que la perturbation de la vitesse du rotor est très faible et converge rapidement vers zéro (voir figure 4.2.b.). La figure 4.2.a montre les vitesses mesurée et observée. L'erreur d'observation est affichée sur la figure 4.2.b. La vitesse observée suit bien la mesure avec

une erreur très faible. La commande et l'observateur ont donc des bonnes performances.

Les figures 4.3 et 4.4 montrent la résistance estimée et le couple de charge observé respectivement. Les écarts de l'observation de couple est illustré sur la figure 4.3.b ce qui confirme l'efficacité de la commande et de l'observateur.

Les essais suivants ont pour but de vérifier la robustesse de la commande sans capteur proposée en effectuant des variations de +20% et -20% sur les inductances statoriques par rapport au valeurs initiales. Ces variations sont mise en valeurs dans la commande et dans l'observateur.

Un test de robustesse a été effectué sur les inductances statoriques pour une variation de +20% (voir figures 4.7, 4.8) et -20% (voir figures 4.9, 4.10). Ces résultats sont globalement similaires à ceux obtenus avec des paramètres nominaux. On obtient toujours un bon rejet de perturbation (couple de charge) sur toute la trajectoire. Ceci confirme encore l'efficacité et la robustesse de la commande et de l'observateur proposés.

TABLE 4.1 – Paramétres du moteur

Courant	$12A$	Couple	$9Nm$
Vitesse	$2100\ rpm$	ψ_f	$0.17\ Wb$
R_s	$1.2\ \Omega$	p	5
L_q	$9.2\ mH$	L_d	$5.7\ mH$
J	$0.0073\ kg.m^2$	f_v	$0.0034\ kg.m^2.s^{-1}$

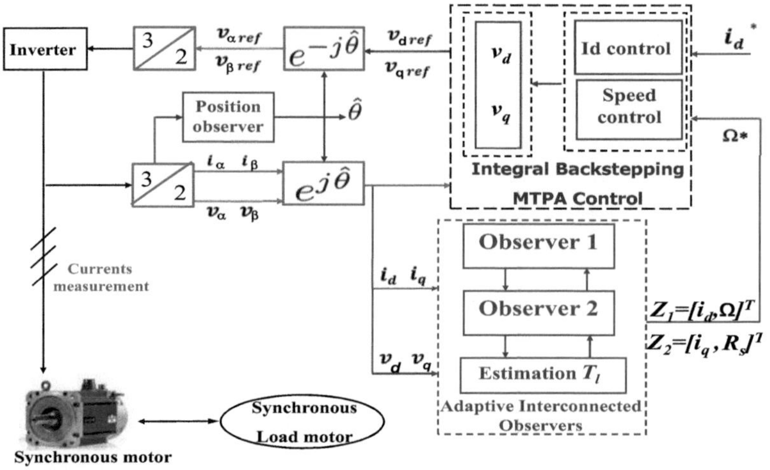

FIGURE 4.1 – Le schéma de la commande sans capteur implanté sur la plate-forme.

T

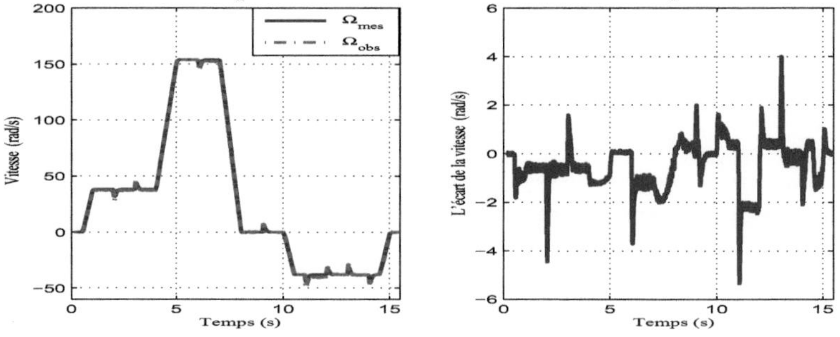

FIGURE 4.2 – Cas nominal. **a.** Vitesse observée & Vitesse réelle **b.** Erreur d'observation.

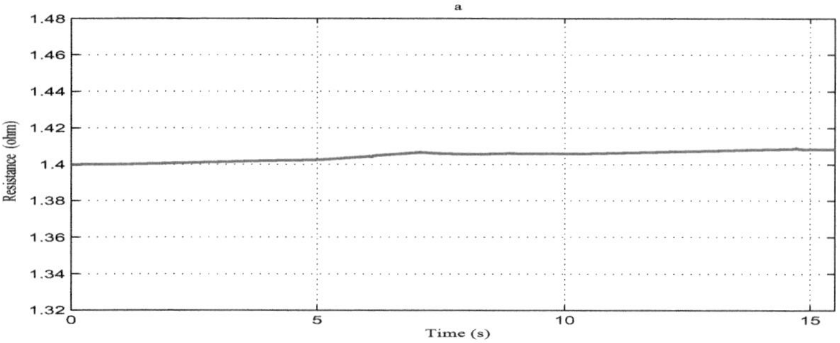

FIGURE 4.3 – Cas nominal. **a.** Résistance estimée & Résistance de la machine **b.** Erreur d'estimation.

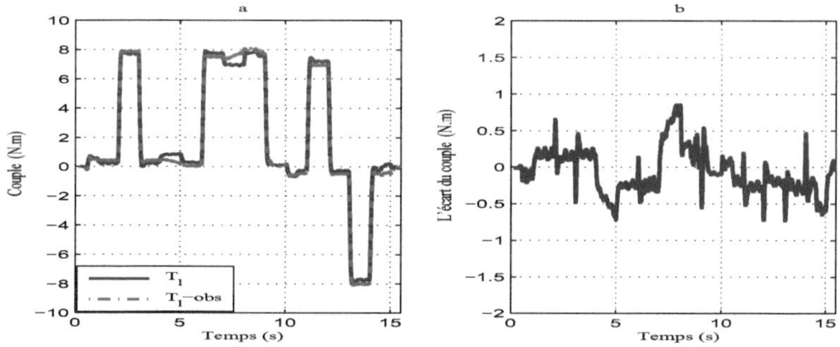

FIGURE 4.4 – Cas nominal. **a.** Couple de charge observé & Couple de charge appliqué **b.** Erreur d'observation de couple de charge.

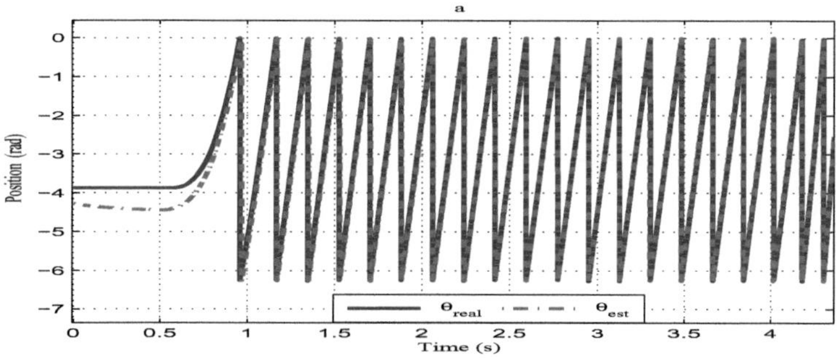

FIGURE 4.5 – Cas nominal. Position mesurée & Position observée.

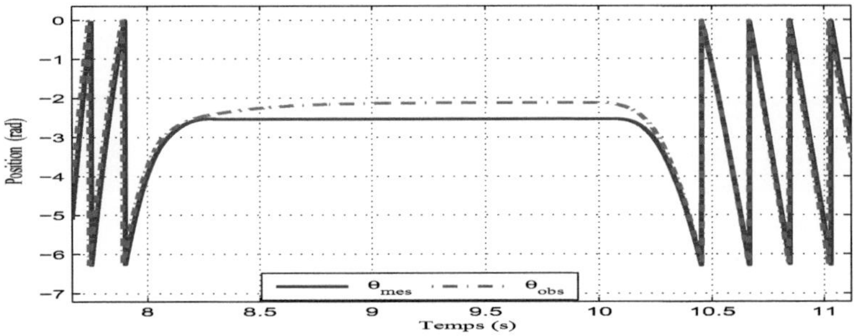

FIGURE 4.6 – Cas nominal. Position mesurée & Position observée.

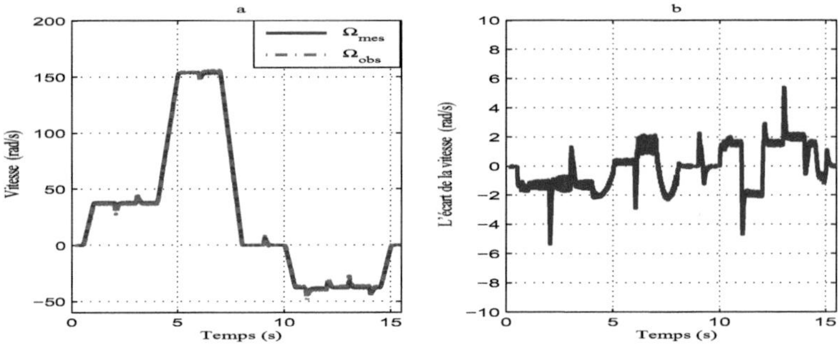

FIGURE 4.7 – +20%Ld,Lq. **a.** Vitesse observée & Vitesse réelle **b.** Erreur d'observation.

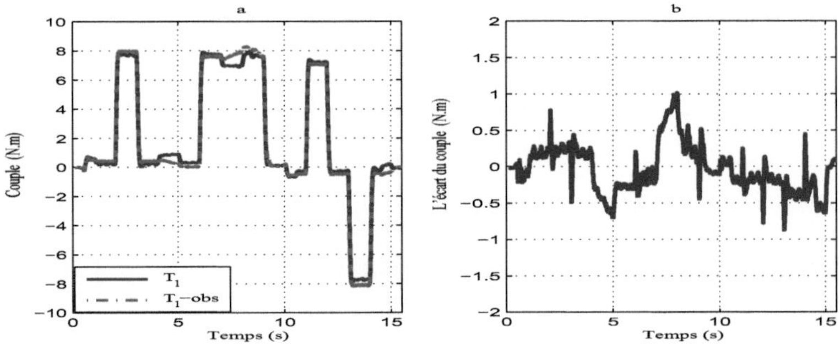

FIGURE 4.8 – +20%Ld,Lq. **a.** Couple de charge observé & Couple de charge appliqué **b.** Erreur d'observation de couple de charge.

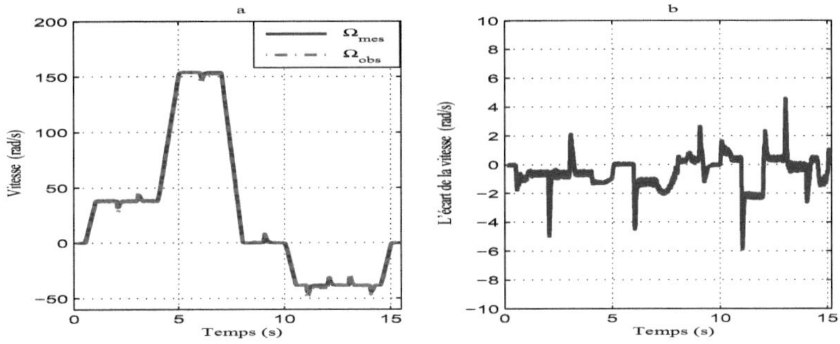

FIGURE 4.9 – -20%Ld,Lq. **a.** Vitesse observée & Vitesse réelle **b.** Erreur d'observation.

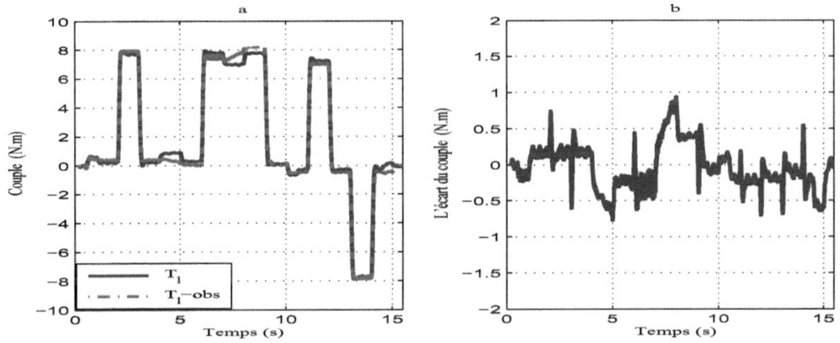

FIGURE 4.10 – -20%Ld,Lq. **a.** Couple de charge observé & Couple de charge appliqué **b.** Erreur d'observation.

4.4 Commande par MGOS à convergence en temps fini

4.4.1 Introduction

La commande par modes glissants d'ordre un a été largement étudiée et développée depuis qu'elle a été introduite notamment dans [134]. Cette technique s'inscrit dans la théorie des systèmes à structure variable. Les lois de commande par modes glissants sont réalisées de manière à conduire et contraindre le système à rester sur ou dans le voisinage d'une surface de commutation. Il y a deux principaux avantages à une telle approche. Tout d'abord, le comportement dynamique résultant peut être déterminé par le choix d'une surface adéquate. Ensuite, la réponse du système en boucle fermée est totalement insensible à une classe particulière d'incertitudes, ce qui fait de cette méthode une candidate sérieuse dans la perspective de l'élaboration de commandes robustes des systèmes électriques.

Cependant, pour les commandes à modes glissants standard (d'ordre un) le phénomène dit de *chattering* qui est caractérisé par des oscillations à haute fréquence autour de la surface de glissement reste l'inconvénient majeur de cette technique. Ce phénomène est dû aux fonctions discontinues *sign* utilisées pour annuler l'erreur de poursuite. Le *chattering* peut provoquer d'importantes sollicitations mécaniques au niveau des actionneurs et à terme engendrer leur usure rapide.

Pour remédier à ce problème, plusieurs approches ont été présentées dans la littérature. Comme l'utilisation de la fonction *sign* est la source du problème, une des solutions consiste à la remplacer par une approximation continue au voisinage de la surface de glissement [139], [140]. Une autre méthode consiste à utiliser les modes glissants d'ordre supérieur (MGOS) [141], [142], [143], [144], [145]. L'avantage principal de la commande par modes glissants d'ordre supérieur est que les fonctions discontinues agissent sur les dérivées supérieures des entrées de commande. Les discontinuités sur les entrées sont ainsi éliminées, tout en préservant les propriétés de robustesse et en améliorant même la précision de convergence et en garantissant la convergence en temps fini vers les objectifs de la commande.

Dans ce qui suit, la commande par modes glissants d'ordre supérieur à trajectoires pré-calculées [145] est synthétisée dans un contexte multivariable pour assurer un suivi de vitesse de la machine synchrone à pôles saillants. Pour assurer un bon rendement, le courant i_d est asservi à une référence générée en utilisant la technique de maximisation du couple MTPA. La technique de commande utilisée permet une convergence en temps fini des variables de sorties. Cette technique consiste à choisir une surface de glissement de telle sorte que le système, dès sa position initiale, soit déjà sur cette surface (technique de l'Integral Sliding Mode [146]) et la commande le contraint à y évoluer de manière à assurer la convergence en temps fini. Les principaux avantages de cette technique de commande sont [147], [145] :

- connaissance a priori du temps de convergence et réglage de la loi de commande indépendant de ce temps,
- établissement du mode glissant dès l'instant initial, ce qui confère à la loi de commande un comportement robuste durant toute la réponse du système,
- la stratégie de commande est applicable quelque soit l'ordre des modes glissants (supérieur ou égal au degré relatif du système),
- la génération de la trajectoire permettant la convergence en temps fini.

La conception de cette loi de commande se présente en deux étapes :

1. en fonction des conditions initiales du système, une trajectoire est pré-calculée. Cette trajec-

toire permet de modifier la surface de glissement de telle sorte que les trajectoires du système évoluent sur la surface pour tout $t \geq 0$.

2. une commande discontinue sur les dérivées de l'entrée de commande est élaborée pour assurer que le système évolue sur la surface de glissement, en dépit de la présence d'une certaine classe d'incertitudes et de perturbations.

4.4.2 Synthèse de la commande pour la machine synchrone à pôles saillants

[102]

Dans cette section, la commande par modes glissants d'ordre supérieur à trajectoire pré-calculée est conçue pour la commande de la machine synchrone à pôles saillants. Proposée par [145], en plus de la convergence en temps fini, cette technique permet de garantir une performance robuste en présence de variations paramétriques et du couple de charge. L'objectif du contrôle est de permettre à la vitesse (Ω) de suivre sa référence définie par le benchmark "Commande sans capteur mécanique" (Figure 2.4) et le courant de l'axe direct (i_d) de suivre la référence calculée par la stratégie de maximisation du couple afin d'améliorer les performances de la machine.

La synthèse du régulateur par modes glissants d'ordre supérieur à convergence en temps fini est conçue en deux étapes :

1. une loi de commande linéaire à convergence en temps fini est utilisée pour générer les trajectoires de référence du système (2.15). Ces trajectoires induisent la définition d'une surface de glissement sur laquelle le système évolue dés l'instant $t = 0$.
2. conception d'une loi de commande discontinue qui maintient les trajectoires du système sur la surface glissante qui assurera l'établissement d'un mode de glissement d'ordre r à l'instant $t = t_f$.

Nous considérons le système non linéaire incertain (2.15). Pour satisfaire les objectifs du contrôle, nous considérons les écarts de poursuite représentés par les variables de glissement σ_Ω et σ_{i_d} définies de la manière suivantes :

$$\begin{pmatrix} \sigma_\Omega & \sigma_{i_d} \end{pmatrix}^T = \begin{pmatrix} \Omega - \Omega^* & i_d - i_d^* \end{pmatrix}^T. \tag{4.33}$$

Remarque 19 *Les degrés relatifs r_Ω et r_{i_d} du système sont constants. Les dynamiques de zéros associées sont stables.*

L'objectif est de concevoir une commande par modes glissants d'ordre supérieur qui garantit la convergence en temps fini des sorties Ω et i_d vers leurs trajectoires de référence. Á partir de l'équation (2.15), on déduit que le degré relatif de σ_Ω et σ_{i_d} par rapport à l'entrée u est égal à deux ($r_\Omega = 2$) et un ($r_{i_d} = 1$) respectivement. Ce qui implique que les ordres des modes glissant doivent être choisis supérieurs ou égaux aux degrés relatifs du système. Pour éviter les commutations sur l'entrée du système et donc atténuer le phénomène de *chattering*, l'ordre de glissement est alors choisi à $r_\Omega = 3$ et $r_{i_d} = 2$ pour que les discontinuités agissent sur les dérivées premières des entrées contrôlant la vitesse Ω et le courant i_d.

De (2.15), les dérivées seconde et première des variables de glissement σ_Ω et σ_{i_d} s'écrivent :

$$\begin{pmatrix} \sigma_\Omega^{(2)} \\ \sigma_{i_d}^{(1)} \end{pmatrix} = \begin{pmatrix} \Psi_{\alpha;1} \\ \Psi_{\alpha;2} \end{pmatrix} + \Psi_\beta \begin{pmatrix} u_1(x) \\ u_2(x) \end{pmatrix} = \Psi_\alpha + \Psi_\beta u \tag{4.34}$$

où $\Psi_{\alpha;1} = L_f^{r_\Omega}\sigma_\Omega$, $\Psi_{\alpha;2} = L_f^{r_{i_d}}\sigma_{i_d}$, $\Psi_{\beta;11} = L_{g_1}L_f^{r_\Omega-1}\sigma_\Omega$, $\Psi_{\beta;12} = L_{g_1}L_f^{r_{i_d}-1}\sigma_{i_d}$, $\Psi_{\beta;21} = L_{g_2}L_f^{r_\Omega-1}\sigma_\Omega$, $\Psi_{\beta_{22}} = L_{g_2}L_f^{r_{i_d}-1}\sigma_{i_d}$, où

$$\begin{aligned} \Psi_{\alpha;1} &= +k_1 i_q(k_4 i_d + k_5\Omega i_q) + k_3[(k_1 i_d + k_2)i_q + k_3\Omega] \\ &\quad -\Omega^{*2} + (k_1 i_d + k_2)(k_7\Omega + k_8\Omega i_d + k_9 i_q) \\ \Psi_{\alpha;2} &= k_4 i_d + k_5\Omega i_q - 2k_{11} i_q \end{aligned} \tag{4.35}$$

avec

$k_1 = \frac{p}{J}(L_d - L_q)$, $k_2 = \frac{p}{J}\phi_f$, $k_3 = -\frac{\phi_f}{J}$, $k_4 = -\frac{R_s}{L_d}$, $k_5 = p\frac{L_q}{L_d}$, $k_6 = \frac{1}{L_d}$, $k_7 = -p\frac{\phi_f}{L_q}$, $k_8 = -p\frac{L_d}{L_q}$, $k_9 = -\frac{R_s}{L_q}$, $k_{10} = \frac{1}{L_q}$, $k_{11} = \frac{(L_d-L_q)}{\phi_f}$,

et

$$\Psi_\beta = \begin{pmatrix} \Psi_{\beta;11} & \Psi_{\beta;12} \\ \Psi_{\beta;21} & 0 \end{pmatrix} = \begin{pmatrix} k_1 k_6 i_q & (k_1 i_d + k_2)k_{10} \\ k_6 & 0 \end{pmatrix}. \tag{4.36}$$

La matrice inverse de Ψ_β est donnée par :

$$\Psi_\beta^{-1} = \begin{pmatrix} 0 & \frac{1}{k_6} \\ \frac{1}{(k_1 i_d + k_2)k_{10}} & -\frac{k_1 i_q}{(k_1 i_d + k_2)k_{10}} \end{pmatrix}. \tag{4.37}$$

Remarque 20 *Á partir des paramètres de la machine et de la stratégie de maximisation du couple (MTPA), la matrice Ψ_β n'est pas singulière.*

Les paramètres de la machine synchrone différent de leurs valeurs nominales : ces variations sont dues soit à des phénomènes physiques (par exemple l'échauffement de la machine influe sur la valeur de la résistance) ou à cause d'une mauvaise identification. Les valeurs de $\Psi_{\alpha;i}$ et Ψ_β dépendent donc des valeurs nominales et des incertitudes des paramètres. Ces variations peuvent être formalisées de cette manière :

$$\begin{cases} \Psi_{\alpha;i} = \Psi_{\alpha;i}^{nom} + \Delta\Psi_{\alpha;i}, \quad i = 1, 2, \\ \Psi_\beta = \Psi_\beta^{nom} + \Delta\Psi_\beta \end{cases} \tag{4.38}$$

avec $\Psi_{\alpha;1}^{nom}$, $\Psi_{\alpha;1}^{nom}$ et Ψ_{β}^{nom} sont les valeurs nominales connues, alors que les termes $\Delta\Psi_{\alpha;1}$, $\Delta\Psi_{\alpha;1}$ et $\Delta\Psi_{\beta}$ représentent les incertitudes dues aux variations paramétriques et aux perturbations. Supposons que ces incertitudes soient bornées (hypothèse réaliste et vérifiable).

Alors, le système (4.34) peut s'écrire de la manière suivante :

$$\begin{pmatrix} \sigma_{\Omega}^{(2)} \\ \sigma_{i_d}^{(1)} \end{pmatrix} = \begin{pmatrix} \Psi_{\alpha;1}^{nom} + \Delta\Psi_{\alpha;1} \\ \Psi_{\alpha;2}^{nom} + \Delta\Psi_{\alpha;2} \end{pmatrix} + \left(\Psi_{\beta}^{nom} + \Delta\Psi_{\beta}\right) \begin{pmatrix} u_1(x) \\ u_2(x) \end{pmatrix}, \tag{4.39}$$

$$\begin{pmatrix} \sigma_{\Omega}^{(2)} & \sigma_{i_d}^{(1)} \end{pmatrix}^T = (\Psi_{\alpha}^{nom} + \Delta\Psi_{\alpha}) + \left(\Psi_{\beta}^{nom} + \Delta\Psi_{\beta}\right) u \ . \tag{4.40}$$

La loi de commande u définie à partir des valeurs nominales $\Psi_{\alpha;1}^{nom}$, $\Psi_{\alpha;1}^{nom}$ et Ψ_{β}^{nom} qui représentent les termes $\Psi_{\alpha;1}$, $\Psi_{\alpha;1}$ et Ψ_{β} sans incertitude, et appliquée à la machine synchrone peut s'écrire :

$$\begin{pmatrix} u_d \\ u_q \end{pmatrix} = (\Psi_{\beta}^{nom})^{-1} \left\{ -\begin{pmatrix} \Psi_{\alpha;1}^{nom} \\ \Psi_{\alpha;2}^{nom} \end{pmatrix} + \begin{pmatrix} \nu_d \\ \nu_q \end{pmatrix} \right\} \tag{4.41}$$

où $\nu := (\nu_d \ \nu_q)^T$ est le nouveau vecteur de commande.

Á partir de (4.34)-(4.41) la dynamique des variables de commutation s'écrit :

$$\begin{pmatrix} \sigma_{\Omega}^{(2)} & \sigma_{i_d}^{(1)} \end{pmatrix}^T = \Psi_{\alpha} - \{I + \Delta\Psi_{\beta}(\Psi_{\beta}^{nom})^{-1}\}\Psi_{\alpha}^{nom} + \{I + \Delta\Psi_{\beta}(\Psi_{\beta}^{nom})^{-1}\}\nu. \tag{4.42}$$

$$\begin{pmatrix} \sigma_{\Omega}^{(2)} & \sigma_{i_d}^{(1)} \end{pmatrix}^T = \widetilde{\Psi}_{\alpha} + \widetilde{\Psi}_{\beta}\nu \tag{4.43}$$

où $\widetilde{\Psi}_{\alpha} = \Psi_{\alpha} - \{I + \Delta\Psi_{\beta}(\Psi_{\beta}^{nom})^{-1}\}\Psi_{\alpha}^{nom}$, $\widetilde{\Psi}_{\beta} = \{I + \Delta\Psi_{\beta}(\Psi_{\beta}^{nom})^{-1}\}$.

Pour pouvoir appliquer une commande par modes glissants d'ordre 3 pour la boucle de vitesse Ω et d'ordre 2 pour la boucle du courant i_d, nous dérivons encore une fois les variables de glissements. Cela signifie que l'entrée de commande discontinue est appliquée sur $\sigma_{\Omega}^{(3)}$ et $\sigma_{i_d}^{(2)}$ par l'intermédiaire de dérivé des entrées $\dot{\nu} = (\dot{\nu}_d \ \dot{\nu}_q)^T$.

Les dérivés supérieures de ${\sigma_{\Omega}}^{(2)}$ et ${\sigma_{i_d}}^{(1)}$ sont données par :

$$\begin{pmatrix} {\sigma_{\Omega}}^{(3)} \\ {\sigma_{i_d}}^{(2)} \end{pmatrix} = \underbrace{\dot{\widetilde{\Psi}}_{\alpha} + \dot{\widetilde{\Psi}}_{\beta} \begin{pmatrix} \nu_d \\ \nu_q \end{pmatrix}}_{\varphi_1} + \underbrace{\widetilde{\Psi}_{\beta}}_{\varphi_2} \begin{pmatrix} \dot{\nu}_d \\ \dot{\nu}_q \end{pmatrix}, \tag{4.44}$$

et peuvent s'écrire comme suit :

$$\begin{pmatrix} {\sigma_{\Omega}}^{(3)} & {\sigma_{i_d}}^{(2)} \end{pmatrix}^T := \varphi_1 + \varphi_2 \cdot \dot{\nu}. \tag{4.45}$$

Nous introduisons l'hypothèse suivante :

Remarque 21 *Les composantes de φ_1 et φ_2 sont des fonctions incertaines, et sans perte de généralité, supposons que le signe du terme φ_2 soit constant et strictement positif. Alors, il existe les constantes positives $C_{0;i}$, $k_{2;i,j}$ et $K_{2;i,j}$, pour $i = 1, 2$ et $j = 1, 2$ tels que*

$$|\varphi_{1,i}| \leq C_{0;i}, \quad \forall x \in R^n, \tag{4.46}$$

$$0 \ \leq k_{2;i,j} \ \leq \ |\varphi_{2,ij}| \ \leq \ K_{2;i,j}, for \quad i = 1, 2; j = 1, 2..$$

Il est à noter que les constantes $C_{0;i}$, $k_{2;i,j}$ et $K_{2;i,j}$, pour $i = 1, 2$ et$j = 1, 2$ peuvent être déterminées par des calculs simples, car ils sont des fonctions de l'état du système et des paramètres de la machine qui sont définis dans le domaine physique $\mathcal{D}$.

Maintenant une commande par modes glissants d'ordre supérieur est conçue en deux étapes. Dans un premier temps on calcule la surface de glissement et ensuite la commande discontinue.

Étape 1. Choix de la variable de commutation.

Suivant [145] et pour des raisons pratiques, les variables de commutations composées d'un polynôme en position, vitesse et accélération ont été choisies, où t_f est le temps de convergence désiré, $t_f = max(t_{\Omega,f}, t_{i_d,f})$.

Considérons le vecteur de commutation $(S_\Omega \ S_{i_d})^T$, défini par :

1) Pour $t \leq t_f$

$$\begin{aligned} S_\Omega &= \sigma_\Omega^{(r_\Omega-1)} - \mathcal{F}_\Omega^{(r_\Omega-1)} + \textstyle\sum_{k=0}^{r_\Omega-2} \lambda_{\Omega,k}\{\sigma_\Omega^{(k)} - \mathcal{F}_\Omega^{(k)}\} = \sigma_\Omega^{(r_\Omega-1)} - \mathcal{X}_\Omega \\ S_{i_d} &= \sigma_{i_d}^{(r_{i_d}-1)} - \mathcal{F}_{i_d}^{(r_{i_d}-1)} + \textstyle\sum_{k=0}^{r_{i_d}-2} \lambda_{i_d,k}\{\sigma_{i_d}^{(k)} - \mathcal{F}_{i_d}^{(k)}\} = \sigma_{i_d}^{(r_{i_d}-1)} - \mathcal{X}_{i_d} \end{aligned} \tag{4.47}$$

où

$$\begin{aligned} \mathcal{X}_\Omega &= \mathcal{F}_\Omega^{(r_\Omega-1)} - \sum_{k=0}^{r_\Omega-2} \lambda_{\Omega,k}\{\sigma_\Omega^{(k)} - \mathcal{F}_\Omega^{(k)}\} \\ \mathcal{X}_{i_d} &= \mathcal{F}_{i_d}^{(r_{i_d}-1)} - \sum_{k=0}^{r_{i_d}-2} \lambda_{i_d,k}\{\sigma_{i_d}^{(k)} - \mathcal{F}_{i_d}^{(k)}\} \end{aligned}$$

avec $(r_\Omega - 1) = 2$, $(r_{i_d} - 1) = 1$, $\lambda_{\Omega,0} = 2\omega_{n\Omega}^2$, $\lambda_{\Omega,1} = 2\zeta_\Omega\omega_{n\Omega}$, $\lambda_{\Omega,2} = 1$, $\lambda_{i_d,0} = \omega_{nd}$ et $\lambda_{i_d,1} = 1$ où ζ_Ω et $\omega_{n\Omega}$ sont choisis de telle sorte que les pôles des systèmes sont stables, et

$$\mathcal{F}_\Omega = K_1 E_\Omega J_\Omega \sigma_\Omega(0), \qquad \mathcal{F}_{i_d} = K_2 E_{i_d} J_{i_d} \sigma_{i_d}(0)$$

où $E_\Omega = e^{F_1 t_{\Omega,f}}$, $\quad E_{i_d} = e^{F_2 t_{i_d,f}}$; $K_1 = \Sigma_\Omega \mathcal{M}_\Omega^{-1}$ avec

$$\Sigma_\Omega = \begin{bmatrix} \sigma_\Omega^{(2)}(0) & 0 & \dot{\sigma}_\Omega(0) & 0 & \sigma_\Omega(0) & 0 \end{bmatrix},$$

$$\mathcal{M}_\Omega = \begin{bmatrix} F_1^2 J_\Omega \sigma_\Omega(0) & F_1^2 E_\Omega J_\Omega & F_1 J_\Omega \sigma_\Omega(0) & F_1 E_\Omega J_\Omega & J_\Omega \sigma_\Omega(0) & E_\Omega J_\Omega \end{bmatrix},$$

$K_2 = \Sigma_{i_d} \mathcal{M}_{i_d}^{-1}$ avec

$$\Sigma_{i_d} = \begin{bmatrix} \dot{\sigma}_{i_d}(0) & 0 & \sigma_{i_d}(0) & 0 \end{bmatrix}.$$

$$\mathcal{M}_{i_d} = \begin{bmatrix} F_2 J_{i_d} \sigma_{i_d}(0) & F_2 E_{i_d} J_{i_d} & J_{i_d} \sigma_{i_d}(0) & E_{i_d} J_{i_d} \end{bmatrix},$$

où les matrices F_Ω et F_{i_d} de dimension $2r_\Omega \times 2r_\Omega$ et $2r_{i_d} \times 2r_{i_d}$ respectivement, sont des matrices diagonales (non identité) dont les termes sont négatifs et les valeurs proches les unes des autres pour symétriser les trajectoires. Les vecteur J_Ω et J_{i_d} sont des vecteurs identité de dimension $2r_\Omega \times 1$ et $2r_{i_d} \times 1$.

2) Pour $t > t_f$, les surfaces de glissements sont données par :

$$\begin{aligned} S_\Omega &= \textstyle\sum_{k=0}^{r_\Omega - 1} \lambda_{\Omega,k} \sigma_\Omega^{(k)} \\ S_{i_d} &= \textstyle\sum_{k=0}^{r_{i_d} - 1} \lambda_{i_d,k} \sigma_{i_d}^{(k)}. \end{aligned} \tag{4.48}$$

Étape 2. Commande discontinue

En calculant les dérivées temporelles des surfaces de glissements S_Ω et S_{i_d} nous obtenons :

$$\begin{pmatrix} \dot{S}_\Omega \\ \dot{S}_{i_d} \end{pmatrix} = \begin{pmatrix} \sigma_\Omega^{(r_\Omega)} - \dot{\mathcal{X}}_\Omega \\ \sigma_{i_d}^{(r_{i_d})} - \dot{\mathcal{X}}_{i_d} \end{pmatrix}. \tag{4.49}$$

Á partir de (4.45), on a :

$$\begin{pmatrix} \dot{S}_\Omega & \dot{S}_{i_d} \end{pmatrix}^T := \varphi_1 + \varphi_2 \cdot \dot{\nu} - (\dot{\mathcal{X}}_\Omega \quad \dot{\mathcal{X}}_{i_d})^T \tag{4.50}$$

où les composantes de $(\dot{\mathcal{X}}_\Omega \quad \dot{\mathcal{X}}_{i_d})^T$ sont bornées, i.e., il existe des constantes positives Θ_Ω et Θ_{i_d} tel que :

$$\begin{aligned} \Theta_\Omega &\geq |\mathcal{F}_\Omega^{(r_\Omega)} - \textstyle\sum_{k=0}^{r_\Omega - 2} \lambda_{\Omega,k} \{\sigma_\Omega^{(k+1)} - \mathcal{F}_\Omega^{(k+1)}\}| = |\dot{\mathcal{X}}_\Omega| \\ \Theta_{i_d} &\geq |\mathcal{F}_{i_d}^{(r_{i_d})} - \textstyle\sum_{k=0}^{r_{i_d} - 2} \lambda_{i_d,k} \{\sigma_{i_d}^{(k+1)} - \mathcal{F}_{i_d}^{(k+1)}\}| = |\dot{\mathcal{X}}_{i_d}|. \end{aligned} \tag{4.51}$$

Pour déterminer la loi de commande assurant l'établissement d'un mode de glissement sur la surface $\mathcal{S}$, nous considérons la fonction candidate de Lyapunov suivante :

$$\mathcal{W} = \frac{1}{2}S_M^T S_M = \frac{1}{2}S_\Omega^2 + \frac{1}{2}S_{i_d}^2,$$

où $S_M = (S_\Omega \quad S_{i_d})^T$. En prenant la dérivée temporelle de $\mathcal{W}$, nous obtenons :

$$\begin{aligned} \dot{\mathcal{W}} &= S_M^T\{\varphi_1 + \varphi_2 \cdot \dot{\nu} - (\dot{\mathcal{X}}_\Omega \quad \dot{\mathcal{X}}_{i_d})^T\} \\ &= S_M^T\{\varphi_1 - (\dot{\mathcal{X}}_\Omega \quad \dot{\mathcal{X}}_{i_d})^T\} + S_M^T\varphi_2\dot{\nu}. \end{aligned}$$

La commande discontinue est de la forme :

$$\dot{\nu} = \begin{pmatrix} \dot{\nu}_d \\ \dot{\nu}_q \end{pmatrix} = \begin{pmatrix} -\alpha\mathrm{sign}(S_1^*) \\ -\alpha\mathrm{sign}(S_2^*) \end{pmatrix}, \tag{4.52}$$

où α est une constante positive, et $S^* = (S_1^* \quad S_2^*)^T = DS_M$, avec D est une matrice inversible tel que $L = (D^{-1})^T\varphi_2$ est une matrice diagonale dominante.

$$\begin{aligned} \dot{\mathcal{W}} &= S_M^T D^T (D^T)^{-1}(\varphi_1 - (\dot{\mathcal{X}}_\Omega \quad \dot{\mathcal{X}}_{i_d})^T) + S_M^T D^T (D^T)^{-1}\varphi_2\dot{\nu} \\ &= S^{*T}\Lambda - \alpha S^{*T} L\mathrm{sign}(S^*). \end{aligned}$$

Si $\dot{\mathcal{W}} < 0$, alors le mode de glissement est établit sur $S^* = 0$ pour $t > t_f$. Supposons que $S_M > 0$ il suit que :

$$\Lambda - \alpha L\mathrm{sign}(S^*) < 0.$$

Cette condition est remplie si :

$$\alpha \geq \max_{i,j=1,2} \frac{|\Lambda_i|}{L_{ij}}. \tag{4.53}$$

Alors, il existe des constantes positives η_{i_d} et η_Ω (pour plus de détails voir [145]) tels que :

$$\dot{S}_\Omega S_\Omega \leq -\eta_\Omega |S_\Omega|, \qquad \dot{S}_{i_d} S_{i_d} \leq -\eta_{i_d} |S_{i_d}|,$$

ce qui implique la convergence des trajectoires vers les références.

4.4.3 Analyse de la stabilité en boucle fermée : "Observateur + Commande"

Dans cette section, la commande par modes glissants d'ordre supérieur est associée à l'observateur adaptatif interconnecté (voir section 3.5) dans le but de la commande sans capteur de la machine synchrone à pôles saillants. Le calcul du régulateur par modes glissants d'ordre supérieur a été effectué dans la section 4.2 en supposant la parfaite connaissance de l'état du système. Cependant, dans la pratique à cause des incertitudes paramétriques et des dynamiques non modélisées, l'observateur ne peut pas donner une estimation parfaite de l'état réel du système. Afin de garantir la convergence de la commande en utilisant l'état observé, une analyse rigoureuse est nécessaire [148].

Ensuite, pour calculer la condition d'attractivité de la surface estimée, les erreurs d'estimations seront prises en compte. Les variables de glissement estimées sont définies par :

$$\begin{pmatrix} \widehat{\sigma}_\Omega & \widehat{\sigma}_{i_d} \end{pmatrix}^T = \begin{pmatrix} \widehat{\Omega} - \Omega^* & \widehat{i}_d - i_d^* \end{pmatrix}^T. \quad (4.54)$$

La dynamique du système décrite en termes de $\widehat{\sigma}_\Omega$ et $\widehat{\sigma}_{i_d}$ est donnée par :

$$\begin{pmatrix} \widehat{\sigma}_\Omega^{(2)} \\ \widehat{\sigma}_{i_d}^{(1)} \end{pmatrix} = \begin{pmatrix} \widehat{\Psi}_{\alpha;1}(Z) \\ \widehat{\Psi}_{\alpha;2}(Z) \end{pmatrix} + \widehat{\Psi}_\beta(Z) \begin{pmatrix} u_1(Z) \\ u_2(Z) \end{pmatrix} + \Psi_\gamma(\epsilon) = \widehat{\Psi}_\alpha(Z) + \widehat{\Psi}_\beta(Z)u(Z) + \Psi_\gamma(\epsilon) \quad (4.55)$$

où $\Psi_\gamma(\epsilon)$ un terme qui dépend de l'erreur d'estimation.

$$\begin{pmatrix} u_d(Z) \\ u_q(Z) \end{pmatrix} = (\widehat{\Psi}_\beta^{nom}(Z))^{-1} \left\{ -\begin{pmatrix} \widehat{\Psi}_{\alpha;1}^{nom}(Z) \\ \widehat{\Psi}_{\alpha;2}^{nom}(Z) \end{pmatrix} + \begin{pmatrix} \widehat{\nu}_d \\ \widehat{\nu}_q \end{pmatrix} \right\}. \quad (4.56)$$

Dans cette étape les dynamiques des erreurs d'estimation seront prises en compte afin d'en déduire la condition d'attractivité des surfaces de glissement estimées $\widehat{S}_M = (\widehat{S}_\Omega, \widehat{S}_{i_d})^T$.

Il est à noter que les variables de glissements estimées peuvent être réécrites en fonction des variables de glissement réelles et des erreurs d'estimations. $\widehat{\sigma}_\Omega^i = \epsilon_\Omega^{(i)} + \sigma_\Omega^{(i)}$, pour $i = 0, 1, 2$; et $\widehat{\sigma}_{i_d}^{(j)} = \epsilon_{i_d}^{(j)} + \sigma_{i_d}^{(j)}$, pour $j = 0, 1$. Ensuite, les surfaces de glissement estimées sont données par

$$\begin{aligned} \widehat{S}_\Omega &= \widehat{\sigma}_\Omega^{(2)} - \mathcal{F}_{\widehat{\Omega}}^{(2)} + \lambda_{\Omega,1}\{\sigma_{\widehat{\Omega}}^{(1)} - \mathcal{F}_{\widehat{\Omega}}^{(1)}\} + \lambda_{\Omega,2}\{\widehat{\sigma}_\Omega - \mathcal{F}_{\widehat{\Omega}}\}. \\ \widehat{S}_{i_d} &= \widehat{\sigma}_{i_d}^{(1)} - \mathcal{F}_{\widehat{i}_d}^{(1)} + \lambda_{i_d,1}\{\widehat{\sigma}_{i_d} - \mathcal{F}_{\widehat{i}_d}\}. \end{aligned} \quad (4.57)$$

En outre, $\mathcal{F}_{\widehat{\Omega}}$ et $\mathcal{F}_{\widehat{i}_d}$ peuvent être exprimées en fonction des variables de glissement réelles σ_Ω et σ_{i_d} est des erreurs d'estimation $\epsilon(t)$, de la manière suivante :

$$\mathcal{F}_{\widehat{\Omega}} = \widehat{K}_1 E_\Omega J_\Omega \widehat{\sigma}_\Omega(0), \qquad \mathcal{F}_{\widehat{i}_d} = \widehat{K}_2 E_{i_d} J_{i_d} \widehat{\sigma}_{i_d}(0)$$

où $\widehat{K}_1$ est $\widehat{K}_2$ sont donnés par :

$$\widehat{K}_1 = \widehat{\Sigma}_\Omega \mathcal{M}_{\widehat{\Omega}}^{-1}$$

avec

$$\widehat{\Sigma}_\Omega = \begin{bmatrix} \widehat{\sigma}_\Omega^{(2)}(0) & 0 & \dot{\widehat{\sigma}}_\Omega(0) & 0 & \widehat{\sigma}_\Omega(0) & 0 \end{bmatrix} = \begin{bmatrix} \sigma_\Omega^{(2)}(0) + \ddot{\epsilon}_\Omega(0) & 0 & \dot{\sigma}_\Omega(0) + \dot{\epsilon}_\Omega(0) & 0 & \sigma_\Omega(0) + \epsilon_\Omega(0) & 0 \end{bmatrix}$$

$$\mathcal{M}_{\widehat{\Omega}} = \Big[F_1^2 J_\Omega \widehat{\sigma}\Omega(0) \quad F_1^2 E_\Omega J_\Omega \quad F_1 J_\Omega \widehat{\sigma}_\Omega(0) \quad F_1 E_\Omega J_\Omega \quad J_\Omega \widehat{\sigma}_\Omega(0) \quad E_\Omega J_\Omega\Big]$$

$$\widehat{K}_2 = \widehat{\Sigma}_{i_d} \mathcal{M}_{\widehat{i_d}}^{-1},$$

où

$$\widehat{\Sigma}_{i_d} = \Big[\dot{\widehat{\sigma}}_{i_d}(0) \quad 0 \quad \widehat{\sigma}_{i_d}(0) \quad 0\Big] = \Big[\dot{\sigma}_{i_d}(0) + \dot{\epsilon}_{i_d}(0) \quad 0 \quad \sigma_{i_d}(0) + \epsilon_{i_d}(0) \quad 0\Big],$$

$$\mathcal{M}_{\widehat{i_d}} = \Big[F_2 J_{i_d} \widehat{\sigma}_{i_d}(0) \quad F_2 E_{i_d} J_{i_d} \quad J_{i_d} \widehat{\sigma}_{i_d}(0) \quad E_{i_d} J_{i_d}\Big].$$

En calculant les dérivées temporelles des surfaces de glissement estimées

$$\begin{aligned} \widehat{S}_\Omega &= \widehat{\sigma}_\Omega^{(2)} - \mathcal{F}_{\widehat{\Omega}}^{(2)} + \lambda_{\Omega,1}\{\widehat{\sigma}_\Omega^{(1)} - \mathcal{F}_{\widehat{\Omega}}^{(1)}\} + \lambda_{\Omega,2}\{\widehat{\sigma}_\Omega - \mathcal{F}_{\widehat{\Omega}}\} \\ \widehat{S}_{i_d} &= \widehat{\sigma}_{i_d}^{(1)} - \mathcal{F}_{\widehat{i_d}}^{(1)} + \lambda_{i_d,1}\{\widehat{\sigma}_{i_d} - \mathcal{F}_{\widehat{i_d}}\}, \end{aligned} \tag{4.58}$$

nous obtenons :

$$\begin{pmatrix} \dot{\widehat{S}}_\Omega \\ \dot{\widehat{S}}_{i_d} \end{pmatrix} = \begin{pmatrix} \widehat{\sigma}_\Omega^{(3)} - \dot{\chi}_{\widehat{\Omega}} \\ \widehat{\sigma}_{i_d}^{(2)} - \dot{\chi}_{\widehat{i_d}} \end{pmatrix} \tag{4.59}$$

où $\dot{\chi}_{\widehat{\Omega}} = \mathcal{F}_{\widehat{\Omega}}^{(3)} - \lambda_{\Omega,1}\{\sigma_{\widehat{\Omega}}^{(2)} - \mathcal{F}_{\widehat{\Omega}}^{(2)}\} - \lambda_{\Omega,2}\{\widehat{\sigma}_\Omega^{(1)} - \mathcal{F}_{\widehat{\Omega}}^{(1)}\}$, $\dot{\chi}_{\widehat{i_d}} = \mathcal{F}_{\widehat{i_d}}^{(2)} - \lambda_{i_d,1}\{\widehat{\sigma}_{i_d}^{(1)} - \mathcal{F}_{\widehat{i_d}}^{(1)}\}$
et

$$\begin{aligned} \begin{pmatrix} \widehat{\sigma}_\Omega{}^{(3)} \\ \widehat{\sigma}_{i_d}{}^{(2)} \end{pmatrix} &= \underbrace{\dot{\Psi}_\alpha + \dot{\Psi}_\beta \begin{pmatrix} \widehat{\nu}_d \\ \widehat{\nu}_q \end{pmatrix}}_{\widehat{\Psi}_1} + \dot{\Psi}_\gamma(\epsilon) + \underbrace{\Psi_\beta}_{\widehat{\Psi}_2} \begin{pmatrix} \dot{\widehat{\nu}}_d \\ \dot{\widehat{\nu}}_q \end{pmatrix} \\ &= \widehat{\Psi}_1 + \widehat{\Psi}_2 \dot{\widehat{\nu}} + \dot{\Psi}_\gamma(\epsilon). \end{aligned} \tag{4.60}$$

Le terme $\dot{\Psi}_\gamma(\epsilon)$ dépend des erreurs d'estimations. Ensuite, les dérivées des surfaces de glissement estimées peuvent être réécrites de la manière suivante :

$$\dot{\widehat{S}}_M = \widehat{\Psi}_1 + \widehat{\Psi}_2 \dot{\widehat{\nu}} + \dot{\Psi}_\gamma(\epsilon) - \dot{\widehat{\chi}}. \tag{4.61}$$

La commande discontinue est de la forme :

$$\dot{\widehat{\nu}} = \begin{pmatrix} \dot{\widehat{\nu}}_d \\ \dot{\widehat{\nu}}_q \end{pmatrix} = \begin{pmatrix} -\alpha \text{sign}(\widehat{S}_1^*) \\ -\alpha \text{sign}(\widehat{S}_2^*) \end{pmatrix}, \tag{4.62}$$

où α est une constante positive, et $\widehat{S}^* = (\widehat{S}_1^* \quad \widehat{S}_2^*)^T = D\widehat{S}_M$ avec D est une matrice inversible, de telle sorte que la matrice $L = (D^{-1})^T\widehat{\Psi}_2$ est une matrice diagonale dominante, il s'ensuit que :

$$\dot{\widehat{S}}_M = \widehat{\Psi}_1 - \alpha\widehat{\Psi}_2 \text{sign}(\widehat{S}^*) - \dot{\widehat{\chi}} + \dot{\Psi}_\gamma(\epsilon). \tag{4.63}$$

Alors, la condition d'attractivité est donnée par :

$$\alpha \geq \max_{i,j=1,2} \frac{|\widehat{\Lambda}_i + \dot{\Psi}_{\gamma,i}(\epsilon)|}{L_{ij}}. \tag{4.64}$$

Cette condition garantit l'existence d'un mode de glissement sur la surface estimée :

$$\begin{pmatrix} \widehat{S}_\Omega \\ \widehat{S}_{i_d} \end{pmatrix} = \begin{pmatrix} \widehat{\sigma}_\Omega^{(2)} - \chi_{\widehat{\Omega}} \\ \widehat{\sigma}_{i_d}^{(1)} - \chi_{\widehat{i_d}}. \end{pmatrix}. \tag{4.65}$$

Sur cette surface les dynamiques seront données par :

$$\begin{pmatrix} \widehat{S}_\Omega \\ \widehat{S}_{i_d} \end{pmatrix} = \begin{pmatrix} \widehat{\sigma}_\Omega^{(2)} - \chi_{\widehat{\Omega}} \\ \widehat{\sigma}_{i_d}^{(1)} - \chi_{\widehat{i_d}} \end{pmatrix} = \begin{pmatrix} 0 \\ 0 \end{pmatrix}. \tag{4.66}$$

Ainsi, les lois de commande (4.56) et (4.62) impliquent l'attractivité des surfaces de glissement estimées $\widehat{S}_\Omega$ et $\widehat{S}_{i_d}$.

Pour terminer l'étude de la preuve du système en boucle fermée, la convergence des erreurs de suivi est étudiée.

Les variables de glissement estimées peuvent être réécrites en fonction de l'état réel est des erreurs d'estimation comme suit :

$$\begin{pmatrix} \widehat{\sigma}_\Omega \\ \widehat{\sigma}_{i_d} \end{pmatrix} = \begin{pmatrix} \Omega - \Omega^* - \epsilon_\Omega \\ i_d - i_d^* - \epsilon_{i_d} \end{pmatrix} = \begin{pmatrix} \sigma_\Omega - \epsilon_\Omega \\ \sigma_{i_d} - \epsilon_{i_d} \end{pmatrix} \tag{4.67}$$

où

$$\begin{pmatrix} \epsilon_\Omega \\ \epsilon_{i_d} \end{pmatrix} = \begin{pmatrix} \Omega - \hat{\Omega} \\ i_d - \hat{i}_d \end{pmatrix} \tag{4.68}$$

avec ϵ_Ω et ϵ_{i_d} sont les erreurs d'estimations de la vitesse et du courant i_d. De plus, $\mathcal{F}_{\widehat{\Omega}}$ et $\mathcal{F}_{\widehat{i_d}}$ peuvent être exprimées en fonction de $\mathcal{F}_\Omega$ et $\mathcal{F}_{i_d}$ respectivement :

$$\mathcal{F}_{\widehat{\Omega}} = \mathcal{F}_\Omega + \Delta\mathcal{F}_{\widehat{\Omega}}, \qquad \mathcal{F}_{\widehat{i_d}} = \mathcal{F}_{i_d} + \Delta\mathcal{F}_{\widehat{i_d}},$$

où $\Delta\mathcal{F}_{\widehat{\Omega}}$ et $\Delta\mathcal{F}_{\widehat{i_d}}$ sont des termes non linéaires dépendent de $\epsilon(0)$, $\dot{\epsilon}(0)$ et $\ddot{\epsilon}(0)$.

Alors, les surfaces de glissement estimées peuvent être réécrites par :

$$\begin{aligned}\widehat{S}_\Omega &= \widehat{\sigma}_\Omega^{(2)} - \mathcal{F}_{\widehat{\Omega}}^{(2)} + \lambda_{\Omega,1}\{\widehat{\sigma}_\Omega^{(1)} - \mathcal{F}_{\widehat{\Omega}}^{(1)}\} + \lambda_{\Omega,2}\{\widehat{\sigma}_\Omega - \mathcal{F}_{\widehat{\Omega}}\}. \\ &= \sigma_\Omega^{(2)} + \epsilon_\Omega^{(2)} - \mathcal{F}_\Omega^{(2)} - \Delta\mathcal{F}_{\widehat{\Omega}}^{(2)} + \lambda_{\Omega,1}\{\sigma_\Omega^{(1)} + \epsilon_\Omega^{(1)} - \mathcal{F}_\Omega^{(1)} - \Delta\mathcal{F}_{\widehat{\Omega}}^{(1)}\} \\ &+ \lambda_{\Omega,2}\{\sigma_\Omega + \epsilon_\Omega - \mathcal{F}_\Omega - \Delta\mathcal{F}_{\widehat{\Omega}}\}.\end{aligned} \tag{4.69}$$

La surface estimée $\widehat{S}_\Omega$ est réécrite en fonction de la surface de glissement réelle S_Ω et l'erreur d'observation de la vitesse ϵ_Ω sous la forme suivante :

$$\widehat{S}_\Omega = S_\Omega - \epsilon_\Omega^{(2)} - \Delta\mathcal{F}_{\widehat{\Omega}}^{(2)} - \lambda_{\Omega,1}\{\epsilon_\Omega^{(1)} + \Delta\mathcal{F}_{\widehat{\Omega}}^{(1)}\} - \lambda_{\Omega,2}\{\epsilon_\Omega - \Delta\mathcal{F}_{\widehat{\Omega}}\} = 0, \tag{4.70}$$

de même pour la surface de glissement estimée $\widehat{S}_{i_d}$:

$$\begin{aligned}\widehat{S}_{i_d} &= \widehat{\sigma}_{i_d}^{(1)} - \mathcal{F}_{\widehat{i_d}}^{(1)} + \lambda_{i_d,1}\{\widehat{\sigma}_{i_d} - \mathcal{F}_{\widehat{i_d}}\}. \\ &= \sigma_{i_d}^{(1)} + \epsilon_{i_d}^{(1)} - \mathcal{F}_{i_d}^{(1)} - \Delta\mathcal{F}_{\widehat{i_d}}^{(1)} + \lambda_{i_d,1}\{\sigma_{i_d} + \epsilon_{i_d} - \mathcal{F}_{i_d} - \Delta\mathcal{F}_{\widehat{i_d}}\}.\end{aligned} \tag{4.71}$$

De (4.71) et (4.66), la condition d'existence d'un mode de glissement sur les surfaces estimées est donnée par :

$$\widehat{S}_{i_d} = S_{i_d} - \epsilon_{i_d}^{(1)} - \Delta\mathcal{F}_{\widehat{i_d}}^{(1)} - \lambda_{i_d,1}\{\epsilon_{i_d} - \Delta\mathcal{F}_{\widehat{i_d}}\} = 0. \tag{4.72}$$

Ainsi, les surfaces de glissement réelles peuvent être réécrites en fonction des surfaces de glissement estimées et les erreurs d'observation de la manière suivante :

$$\begin{aligned}S_\Omega &= \epsilon_\Omega^{(2)} + \Delta\mathcal{F}_{\widehat{\Omega}}^{(2)} + \lambda_{\Omega,1}\{\epsilon_\Omega^{(1)} + \Delta\mathcal{F}_{\widehat{\Omega}}^{(1)}\} + \lambda_{\Omega,2}\{\epsilon_\Omega + \Delta\mathcal{F}_{\widehat{\Omega}}\} \\ S_{i_d} &= \epsilon_{i_d}^{(1)} + \Delta\mathcal{F}_{\widehat{i_d}}^{(1)} + \lambda_{i_d,1}\{\epsilon_{i_d} + \Delta\mathcal{F}_{\widehat{i_d}}\}.\end{aligned} \tag{4.73}$$

En prenant la valeur absolue des équations ci-dessus, nous obtenons :

$$\begin{aligned}|S_\Omega| &= |\epsilon_\Omega^{(2)} + \Delta\mathcal{F}_{\widehat{\Omega}}^{(2)} + \lambda_{\Omega,1}\{\epsilon_\Omega^{(1)} + \Delta\mathcal{F}_{\widehat{\Omega}}^{(1)}\} + \lambda_{\Omega,2}\{\epsilon_\Omega + \Delta\mathcal{F}_{\widehat{\Omega}}\}| \\ |S_{i_d}| &= |\epsilon_{i_d}^{(1)} + \Delta\mathcal{F}_{\widehat{i_d}}^{(1)} + \lambda_{i_d,1}\{\epsilon_{i_d} + \Delta\mathcal{F}_{\widehat{i_d}}\}|.\end{aligned} \tag{4.74}$$

En appliquant les limites des erreurs d'estimation et les inégalités (3.50), nous obtenons

$$\begin{aligned}|S_\Omega| &\leq |\epsilon_\Omega^{(2)} + \Delta\mathcal{F}_{\widehat{\Omega}}^{(2)} + \lambda_{\Omega,1}\{\epsilon_\Omega^{(1)} + \Delta\mathcal{F}_{\widehat{\Omega}}^{(1)}\} + \lambda_{\Omega,2}\{\epsilon_\Omega + \Delta\mathcal{F}_{\widehat{\Omega}}\}| \leq K_{\Omega,1}\|\epsilon(t)\| + K_{\Omega,2} \\ |S_{i_d}| &\leq |\epsilon_{i_d}^{(1)} + \Delta\mathcal{F}_{\widehat{i_d}}^{(1)} + \lambda_{i_d,1}\{\epsilon_{i_d} + \Delta\mathcal{F}_{\widehat{i_d}}\}| \leq K_{i_d,1}\|\epsilon(t)\| + K_{i_d,2}.\end{aligned} \tag{4.75}$$

En utilisant le fait que $|\sigma_\Omega| \leq \frac{1}{\lambda_{\Omega,2}}|S_\Omega|$ et $|\sigma_{i_d}| \leq \frac{1}{\lambda_{i_d,1}}|S_{i_d}|$. Alors, les erreurs de suivi sont bornées par :

$$\begin{aligned} |\Omega - \Omega^*| = |\sigma_\Omega| &\leq \tfrac{1}{\lambda_{\Omega,2}}(K_{\Omega,1}\|\epsilon(t)\| + K_{\Omega,2}) \\ |i_d - i_d^*| = |\sigma_{i_d}| &\leq \tfrac{1}{\lambda_{i_d,1}}(K_{i_d,1}\|\epsilon(t)\| + K_{i_d,2}). \end{aligned} \tag{4.76}$$

Par ailleurs, de (4.77) (preuve du Théorème 3), on a :

$$\|\epsilon(t)\| \leq \sqrt{\tfrac{\lambda_{max}(S)}{\lambda_{min}(S)}}\delta^* = \epsilon^*, \qquad \forall t \geq T_o \tag{4.77}$$

et

$$T_o = \frac{2\lambda_{max}(S)}{\gamma}\ln(\frac{\|\epsilon(0)\|}{\delta^*}).$$

Finalement, les erreurs de suivi sont données par :

$$\begin{aligned} |\Omega - \Omega^*| &\leq \tfrac{1}{\lambda_{\Omega,2}}(K_{\Omega,1}\epsilon^* + K_{\Omega,2}) \\ |i_d - i_d^*| &\leq \tfrac{1}{\lambda_{i_d,1}}(K_{i_d,1}\epsilon^* + K_{i_d,2}), \end{aligned} \tag{4.78}$$

où $K_{\Omega,i}$ est $K_{i_d,i}$ dépendent des bornes des incertitudes paramétriques et les gains de la commande et de l'observateur.

De l'analyse ci-dessus, deux cas peuvent être distingués :

1) En l'absence des incertitudes paramétriques (i.e. cas nominal), la stabilité asymptotique du système en boucle fermée (commande+observateur) est obtenue sous l'action de la commande en utilisant les estimations fournies par l'observateur. Les erreurs de suivi tendent alors vers zéro.
2) En présence des incertitudes paramétriques (i.e. cas incertain). La stabilité pratique du système en boucle fermée (commande+observateur) est obtenue. Plus précisément, est obtenue la convergence des erreurs de suivi vers une boule dont le rayon dépend des bornes des incertitudes paramétriques et des gains du contrôleur et de l'observateur.

L'analyse précédente peut être résumée dans le lemme suivant.

Lemme 2 *Considérons le système* (2.15), *l'observateur adaptatif interconnecté avec les gains* $\rho_1, \rho_2, \rho_\eta$ *défini par* (3.35)-(3.36), *la commande par modes glissants d'ordre supérieur* (4.56), (4.62) *avec les gains* (4.47), (4.51) *et* (4.64). *De* (4.77), *il existe* ϵ^*, *tel que les erreurs de suivi de la vitesse et du courant satisfont :*

$$\begin{aligned} |\Omega - \Omega^*| &\leq \tfrac{1}{\lambda_{\Omega,2}}(K_{\Omega,1}\epsilon^* + K_{\Omega,2}) \\ |i_d - i_d^*| &\leq \tfrac{1}{\lambda_{i_d,1}}(K_{i_d,1}\epsilon^* + K_{i_d,2}). \end{aligned} \tag{4.79}$$

4.4.4 Résultats de simulation

Le schéma de principe de la commande sans capteur utilisé en simulation est donné par la figure 4.1 dans laquelle le backstepping est remplacé par les modes glissants. La commande sans capteur proposée est simulée sous l'environnement Matlab/Simulink. Les simulations sont effectuées suivant un benchmark industriel spécifique [73] défini dans le cadre d'un groupe de travail national inter GDR MACS-SEEDS CSE. Les paramètres du moteur utilisés dans cette simulation sont donnés par le tableau 4.2.

TABLE 4.2 – Paramétres du moteur

Courant	$6A$	Couple	$5.3Nm$
Vitesse	$3000\ rpm$	ψ_f	$0.341\ Wb$
R_s	$3.25\ \Omega$	p	3
L_q	$34\ mH$	L_d	$18\ mH$
J	$0.00417\ kg.m^2$	f_v	$0.0034\ kg.m^2.s^{-1}$

Les gains de l'observateur sont choisis comme suit :

$$\rho_1 = 900\ ,\ \rho_2 = 800,\ \rho_\eta = 15\ ,\ \varpi = 80,\ k_{c1} = 0.1\ ,\ k_{c2} = 0.01,\ \alpha = 0.1\ ,\ K_\theta = 15.$$

Le temps de convergence t_f est fixé à $50msec$.

Les gains de la commande sont choisis comme suit :

- pour $t \leq 50\ msec.$ $\zeta_\Omega = 0.32,\ \omega_{n\Omega} = 250\ rad/s,\ \omega_{ni_d} = 32\ rad/s,\ \alpha = 5.10^4,$
- pour $t > 50\ msec.$ $\zeta_\Omega = 0.35,\ \omega_{n\Omega} = 325\ rad/s,\ \omega_{ni_d} = 85\ rad/s\ ,\ \alpha = 6.10^6.$

$$F_1 = \begin{bmatrix} -1 & 0 & 0 & 0 & 0 & 0 \\ 0 & -1.1 & 0 & 0 & 0 & 0 \\ 0 & 0 & -1.2 & 0 & 0 & 0 \\ 0 & 0 & 0 & -1.3 & 0 & 0 \\ 0 & 0 & 0 & 0 & -1.4 & 0 \\ 0 & 0 & 0 & 0 & 0 & -1.5 \end{bmatrix}_{6\times 6},\ J_\Omega = \begin{bmatrix} 1 \\ 1 \\ 1 \\ 1 \\ 1 \\ 1 \end{bmatrix}_{6\times 1},$$

$$F_2 = \begin{bmatrix} -1 & 0 & 0 & 0 \\ 0 & -1.1 & 0 & 0 \\ 0 & 0 & -1.2 & 0 \\ 0 & 0 & 0 & -1.3 \end{bmatrix}_{4\times 4}, J_{i_d} = \begin{bmatrix} 1 \\ 1 \\ 1 \\ 1 \end{bmatrix}_{4\times 1}.$$

A cause des variations de la température, la valeur de la résistance statorique peut être changée. Son effet sera étudié par la suite.

La figure 4.11.a présente les vitesses mesurée et observée. L'erreur de suivi due à l'application du couple de charge est très petit et converge rapidement vers zéro (voir figure 4.11.b). La figure 4.12 montre la position mesurée et la position observée. L'estimation de la résistance statorique et du couple de charge sont illustrées respectivement par les figures 4.13 and 4.14.

La figure 4.15 montre les tensions et les courants dans le repère lié $d-q$ au stator. Ces grandeurs sont les seules informations fournies à l'observateur.

Les figures 4.16, 4.17 et 4.18, 4.19 montrent respectivement les performances de la loi de commande sans capteur vis-à-vis d'une variation de la résistance statorique. L'analyse de ces résultats, nous montre que la vitesse converge bien vers sa valeur réelle et que l'observateur a pu suivre la variation introduite sur la valeur de la résistance. La robustesse obtenue de la loi de commande sans capteur est due à l'estimation en ligne de la résistance statorique.

De ces essais, il en résulte que le système en boucle fermée répond de façon satisfaisante en termes de suivi de trajectoire, rejet de perturbation et en robustesse vis-à-vis des variations paramétriques.

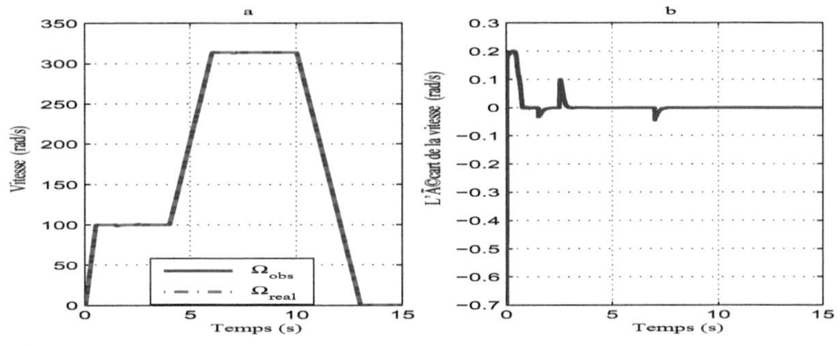

FIGURE 4.11 – Cas nominal. **a.** Vitesse observée & Vitesse réelle **b.** Erreur d'observation.

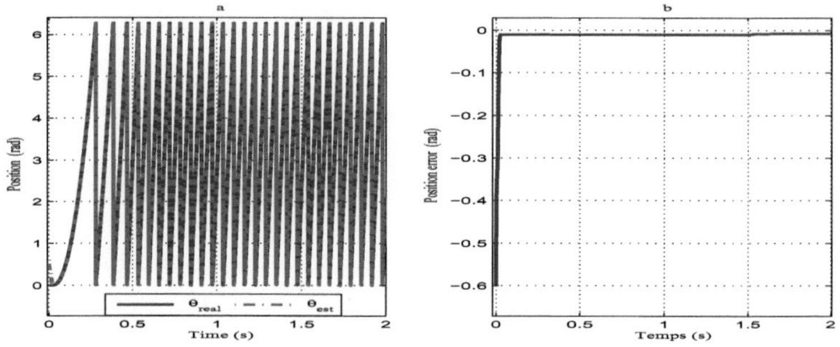

FIGURE 4.12 – Cas nominal. Position observée & Position réelle

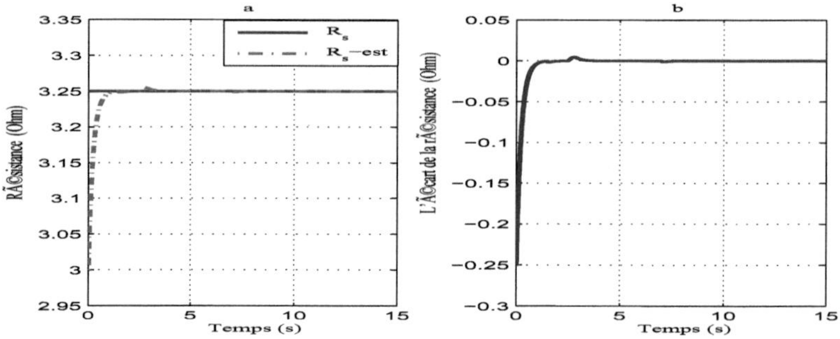

FIGURE 4.13 – Cas nominal. **a.** Résistance estimée & Résistance de la machine **b.** Erreur d'estimation.

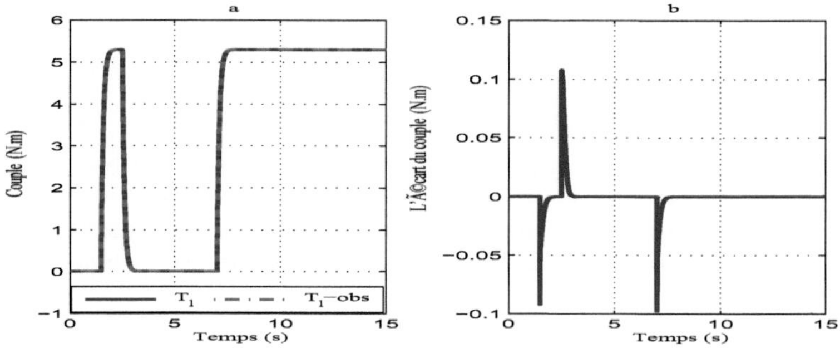

FIGURE 4.14 – Cas nominal. **a.** Couple observé & Couple réel **b.** Erreur d'observation.

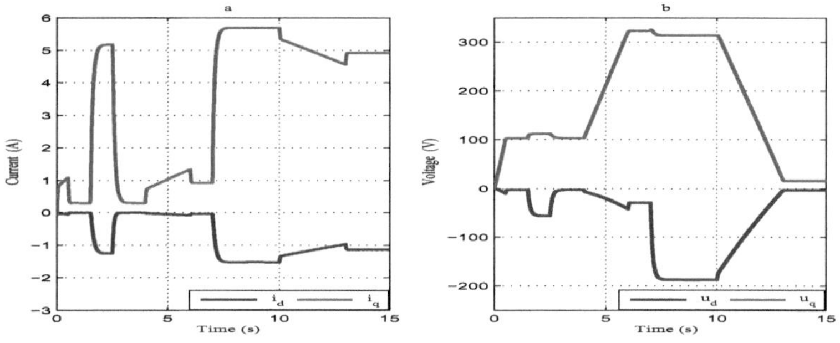

FIGURE 4.15 – Cas nominal, dq Voltages and Currents.

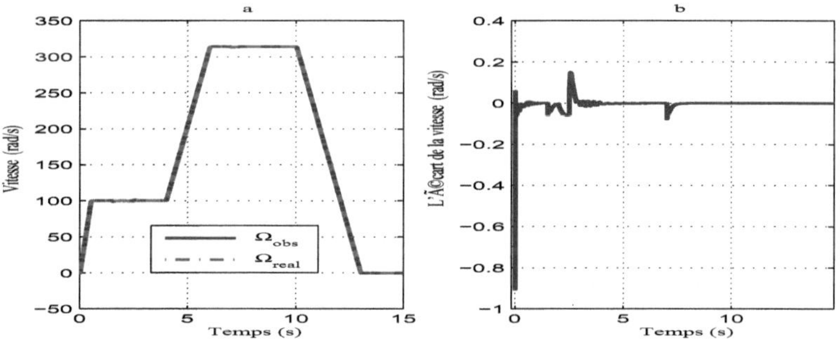

FIGURE 4.16 – + 50% Rs. **a.** Vitesse observée & Vitesse réelle **b.** Erreur d'observation.

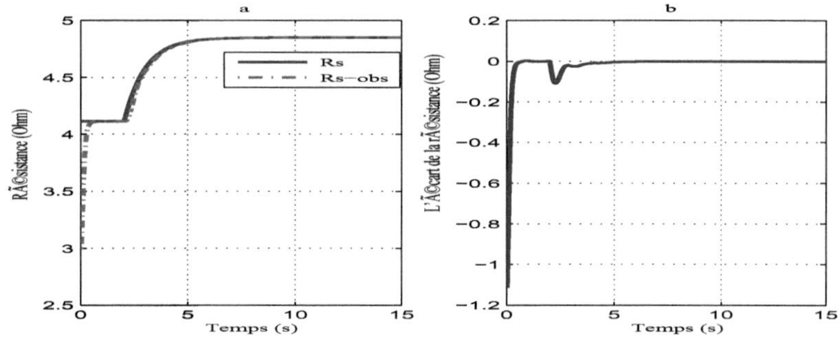

FIGURE 4.17 – + 50% Rs. **a.** Résistance estimée & Résistance de la machine **b.** Erreur d'estimation.

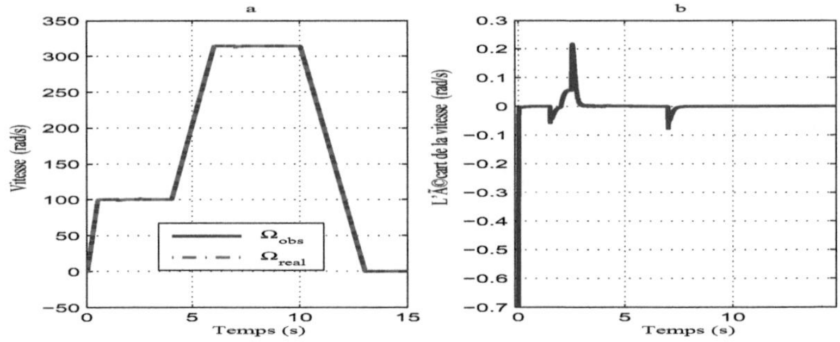

FIGURE 4.18 – - 50% Rs. **a.** Vitesse observée & Vitesse réelle **b.** Erreur d'observation.

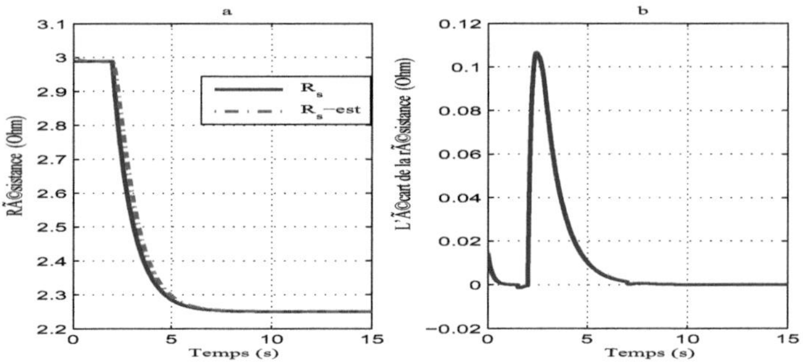

FIGURE 4.19 – - 50% Rs. **a.** Résistance estimée & Résistance de la machine **b.** Erreur d'estimation.

4.5 Commande par modes glissants d'ordre supérieur Quasi-continue

4.5.1 Introduction

Selon le principe de l'homogénéité [149], la commande par modes glissants d'ordre supérieur quasi-continue est introduite par [150]. [151] a proposé un nouvel algorithme de conception de la commande quasi-continue. Cette commande assure la convergence en temps fini des erreurs de poursuites malgré la présence des perturbations (unmatched) dues aux incertitudes paramétriques et aux perturbations externes. La conception de cette commande est faite par étapes. Dans la première étape, la variable de glissement désirée est définie. Ensuite, de manière similaire à la commande Backstepping, une entrée virtuelle de commande est calculée pour assurer la convergence de la variable de glissement. Cette commande virtuelle représente la sortie à suivre pour la boucle suivante.

La dernière étape fait apparaitre la commande réelle du système. Cette commande est donc une combinaison entre la technique du Backstepping et la commande par modes glissants et présente les avantages suivants :

- la simplicité d'implémentation.
- la convergence en temps fini.
- la limitation de *chattering*.
- la robustesse vis-à-vis des perturbations externes et des incertitudes paramétriques.

4.5.2 Algorithme de conception de la commande par modes glissants d'ordre supérieur quasi-continue

Dans cette section, nous rappelons l'algorithme de conception de la commande par modes glissants d'ordre supérieur quasi-continue mono entrée-mono sortie proposé par [151].
Considérons le système non linéaire suivant :

$$\Sigma : \begin{cases} \dot{x}_1 &= f_1(x_1,t) + g_1(x_1,t)x_2 + \omega_1(x_1,t) \\ \dot{x}_i &= f_i(\overline{x}_i,t) + g_i(\overline{x}_i,t)x_{i+1} + \omega_i(\overline{x}_i,t) \\ \dot{x}_n &= f_n(x,t) + g_n(x,t)u + \omega_n(x,t) \\ y &= x_1 \end{cases} \tag{4.80}$$

pour $i = 2,...,n-1$; où $x \in R^n$ est l'état du système, $x_i \in R$, $\overline{x}_i = [x_1,...,x_i]^T$; $u \in R$ est l'entrée de commande. Par ailleurs, $f_i(\overline{x}_i,t)$ et $g_i(\overline{x}_i,t)$ sont des fonctions lisses, $\omega_i(\overline{x}_i,t)$ est une perturbation inconnue bornée due aux variation paramétriques et à des perturbations externes, ses $n-i$ dérivées temporelles sont supposées bornées.
$g_i(\overline{x}_i,t) \neq 0$ pour $x \in X \subset R^n$, $t \in [0,\infty)$.

HypothÃÍse 2 *Le degré relatif du système* (4.80) *est supposé constant et égal à* n.

Dans la suite, nous introduisons l'algorithme de la commande par modes glissants d'ordre supérieur quasi-continue pour la classe des systèmes non linéaires avec des perturbations "non matché" (4.80). Le calcul de la commande quasi-continue est fait étape par étape en profitant des avantages des modes glissants d'ordre supérieur et la commande par Backstepping.

La contrainte dans chaque étape est de maintenir $\sigma_i = 0$ en temps fini, cette contrainte est réalisée par la commande virtuelle $x_{i+1} = \phi_i$. La conception de la loi de commande est faite étape par étape.

Etape 1. Soit la variable de glissement $\sigma_1 = y - y_{ref}$. Définissons $x_2 = \phi_1$ où ϕ_1 est une fonction différentiable dans le temps définie par :

$$\begin{aligned} \phi_1 &= g_1(x_1,t)^{-1}\{f_1(x_1,t)+u_{1,1}\} \\ \dot{u}_{1,1} &= u_{1,2} \\ &\vdots \\ \dot{u}_{n,n-1} &= \lambda_1\Psi_{n-1,n}\{\sigma_1,\dot{\sigma}_1,...,\sigma_1^{n-1}\}. \end{aligned} \tag{4.81}$$

La première commande virtuelle est composée de deux parties : ϕ_1 compense la partie nominale du système et $u_{1,1}$ compense les perturbations.
La i^{ime} étape est donnée par :

Etape i. Définissons la commande virtuelle suivante : $x_{i+1} = \phi_i$ où ϕ_i est une fonction différentiable dans le temps. Dans cette étape, la variable de glissement est définie par :

$$\sigma_i = x_i - \phi_{i-1}.$$

La commande qui assure de maintenir $\sigma_i = 0$ en temps fini, est définie par :

$$\begin{aligned} \phi_i(\overline{x}_i,t,u_i) &= g_i(\overline{x}_i,t)^{-1}\{f_i(\overline{x}_i,t)+u_{i,1}\} \\ \dot{u}_{i,1} &= u_{i,2} \\ &\vdots \\ \dot{u}_{i,n-i} &= \lambda_i\Psi_{n-i,n-i+1}\{\sigma_i,\dot{\sigma}_i,...,\sigma_i^{n-i}\} \end{aligned} \tag{4.82}$$

La dernière étape permet de calculer la loi de commande réelle u.

Étape n. Soit la variable de glissement $\sigma_n = x_n - \phi_{n-1}$, la loi de commande réelle u est donnée par :

$$\begin{aligned} u &= g_n(x,t)^{-1}\{f_n(x,t)+u_{n,1}\} \\ u_{n,1} &= \lambda_n sign\{\sigma_n\}. \end{aligned} \tag{4.83}$$

4.5.3 Commande par modes glissants quasi-continue de la machine synchrone à pôles saillants

[116] [122]

Dans cette section nous présentons la synthèse de la commande par modes glissants quasi-continue pour la machine synchrone à pôles saillants. Pour cette commande les grandeurs régulées sont la vitesse Ω et le courant i_d. L'objectif est de permettre à ces deux grandeurs de suivre leurs références définies en particulier par le benchmark commande sans capteur mécanique (Figure 2.4) pour la vitesse et la stratégie de maximisation du couple pour le courant.

Dans la suite, la commande par modes glissants quasi-continue est appliquée pour contrôler la machine synchrone à pôles saillants. D'abord, le modèle de la machine (2.15) peut être représenté sous la forme suivante :

$$\Sigma_1 : \begin{cases} \dot{\Omega} &= \frac{p}{J}(L_d - L_q)i_d i_q + p\frac{\phi_f}{J} i_q - \frac{f_v}{J}\Omega - \frac{1}{J}T_l \\ \dot{i}_q &= -p\frac{\phi_f}{L_q}\Omega - p\frac{L_d}{L_q}\Omega i_d - \frac{R_s}{L_q} i_q + \frac{1}{L_q}u_q \end{cases} \quad (4.84)$$

$$\Sigma_2 : \left\{ \dot{i}_d = -\frac{R_s}{L_d} i_d + p\frac{L_q}{L_d}\Omega i_q + \frac{1}{L_d}u_d \right. \quad (4.85)$$

où $[x_{1,1}, x_{1,2}]^T := [\Omega, i_q]^T$ et $[x_{2,1}] := [i_d]$, $m = 2$.

Les degrés relatifs des sorties à contrôler (la vitesse Ω et le courant i_d) sont 2 et 1 respectivement. Le modèle (4.84)-(4.85) peut être réécrit sous la forme suivante :

$$\Sigma_1 : \begin{cases} \dot{x}_{1,1} &= f_{1,1}(x_{1,1}) + g_{1,1}(x_{1,1})x_{1,2} + \omega_{1,1} \\ \dot{x}_{1,2} &= f_{1,2}(x_{1,2}) + g_{1,2}(x_{1,2})u_1 + \omega_{1,2} \end{cases} \quad (4.86)$$

$$\Sigma_2 : \left\{ \dot{x}_{2,1} = f_{2,1}(x_{2,1}) + g_{2,1}(x_{2,1})u_2 + \omega_{2,1}, \right. \quad (4.87)$$

où les termes $\omega_{1,1}$, $\omega_{1,2}$ et $\omega_{2,1}$ sont dus aux variations paramétriques, aux termes d'interconnexions et aux perturbations externes (i.e. le couple de charge), avec

$f_{1,1}(x_{1,1}) = -\frac{f_v}{J}\Omega$, $g_{1,1}(x_{1,1}) = p\frac{\phi_f}{J}$, $\omega_{1,1} = \frac{p}{J}(L_d - L_q)i_d i_q - \frac{1}{J}T_l$, $f_{1,2}(x_{1,2}) = -\frac{R_s}{L_q}i_q$, $g_{1,2}(x_{1,2}) = \frac{1}{L_q}$ $\omega_{1,2} = -p\frac{\phi_f}{L_q}\Omega - p\frac{L_d}{L_q}\Omega i_d$. $f_{2,1}(x_{2,1}) = -\frac{R_s}{L_d}i_d$, $g_{2,1}(x_{2,1}) = \frac{1}{L_d}$ et $\omega_{2,1} = +p\frac{L_q}{L_d}\Omega i_q$.

Boucle de vitesse

Dans cette partie, l'algorithme de la commande par modes glissants quasi-continue est appliqué pour contrôler la vitesse de la machine synchrone. Soit la variable de glissement suivante :

$$\sigma_\Omega = \sigma_{1,1} = \Omega - \Omega^*.$$

Étape 1.

Définissons $x_{1,2} = \phi_{1,1}$; où

$$\phi_{1,1} = g_{1,1}(x_{1,1})^{-1}\{-f_{1,1}(x_{1,1}) + u_{(1,1)}\}.$$

Étape 2.

La commande virtuelle $u_{1,1}$ est calculée comme suit :

$$\dot{u}_{(1,1)} = -\lambda_{1,1}\Psi_{(1,2)}(\sigma_{1,1}, \dot{\sigma}_{1,1})$$

$$\dot{u}_{(1,1)} = -\lambda_{1,1}\{\frac{\dot{\sigma}_{1,1} + |\sigma_{1,1}|^{\frac{1}{2}}\, sign(\sigma_{1,1})}{|\sigma_{1,1}|^{\frac{1}{2}} + |\dot{\sigma}_{1,1}|}\}.$$

Ensuite, pour calculer la commande $u_q = u_1$, nous définissons la variable de glissement suivante :

$$\sigma_{1,2} = x_{1,2} - \phi_{1,1}.$$

Alors, l'action de commande du premier sous-système est donnée par :

$$u_1 = g_{1,2}^{-1}(x_{1,2})\{-f_{1,2}(x_{1,2}) + u_{(1,2)}\}$$

où

$$u_{(1,2)} = -\lambda_{1,2} sign(\sigma_{1,2}).$$

Finalement, le contrôleur u_q obtenu est de la forme :

$$u_q = L_q\{+\frac{R_s}{L_q} i_q + \lambda_{1,2} sign(i_q - \phi_{1,1})\} \tag{4.88}$$

$\phi_{1,1} = \{p\frac{\phi_f}{J}\}^{-1}\{-\frac{f_v}{J}\Omega + u_{(1,1)}\}$.

Boucle de courant i_d.

Pour appliquer la stratégie de maximisation du couple, le courant i_d est forcé à suivre la référence calculée par (4.7).

Soit σ_{i_d} la variable de glissement définie par :

$$\sigma_{i_d} = \sigma_{2,1} = i_d - i_d^*.$$

Il est à noter que le degré relatif de la boucle de courant i_d est $r_2 = 1$.

Alors, l'action de commande pour le deuxième sous système est calculée directement par :

$$u_2 = g_{2,1}^{-1}(x_{2,1})\{-f_{2,1}(x_{2,1}) + u_{(2,1)}\} \tag{4.89}$$

où $u_{(2,1)} = -\lambda_{2,1} sign(\sigma_{2,1})$. Finalement, le contrôleur est donné par :

$$u_d = L_d\{\frac{R_s}{L_d} i_d + \lambda_{2,1} sign(i_d - i_d^*)\}. \tag{4.90}$$

Remarque 22 *La commande quasi-continue est ensuite associée à l'observateur super twisting. La convergence en temps fini de cet observateur est prouvée. En conséquence, le principe de séparation est automatiquement satisfait, cela signifie que la commande peut être appliquée après que l'observateur ait convergé, i.e. le contrôleur et l'observateur peuvent être conçus séparément et la stabilité du système en boucle fermée (observateur + contrôleur) est assurée. Le principe de séparation n'a pas besoin d'être prouvé [152].*

4.5.4 Résultats de simulation

L'ensemble commande quasi-continue et l'observateur super-twisting utilisée pour la commande sans capteur de la machine synchrone à pôles saillants est évaluée en simulation selon le benchmark industriel "Commande Sans Capteur Mécanique". Les paramètres de la machine à pôles saillants utilisée dans la simulation sont donnés par le tableau 4.2. Afin d'évaluer la robustesse de la commande et de l'observateur, des déviations paramétriques sont introduites par rapport aux valeurs nominales.

Satisfaisant les conditions (3.78), les paramètres de l'observateur par modes glissant sont choisis comme suit :

$\alpha_{11} = 900$, $\alpha_{12} = 1500$, $\alpha_{21} = 850$, $\alpha_{22} = 700$, $K_\theta = 16$.

Les paramètres de la commande quasi-continue sont choisis de la manière suivante :

$\lambda_{1,1} = 1500$, $\lambda_{1,2}$=400 $\lambda_{2,1} = 200$.

Les figures 4.20, 4.21, 4.22, 4.23 et 4.24 montrent les résultats de simulation en utilisant les paramètres nominaux de la machine. La figure 4.20.a montre les vitesses mesurée et observée. L'influence de la perturbation introduite entre les instants $t = 1.5s$ et $t = 1.5s$ et les instants $t = 7s$ et $t = 15$ est faible et l'erreur d'observation de la vitesse converge rapidement vers zéro (voir figure 4.20.a). Les positions observée et mesurée sont montrées sur la figure 4.22. La figure 4.23 montre l'estimation de la résistance. Les informations fournies à l'observateur (courants et tensions dans le repère lié au stator) sont montrées sur la figure 4.24.

Ensuite, des tests de robustesse sur la loi de commande sans capteur ont été effectués. Des variations paramétriques sont introduites dans les algorithmes de la commande et de l'observateur par rapport aux valeurs nominales.

Pour tester la robustesse vis-à-vis des des variations sur la valeur de la résistance statorique, nous avons simulé l'ensemble commande-observateur avec une erreur de $+50\%$ sur la valeur nominale de la résistance statorique. Les résultats obtenus sont montrés sur les figures 4.25 et 4.26. Les figures 4.27 et 4.27 montrent les résultats de simulation pour une variation de -50% cette fois ci. Les résultats obtenus sont globalement similaires à ceux obtenus en utilisant les paramètres nominaux.

Les figures 4.29 et 4.30 montrent respectivement les résultats de simulation de la loi de commande sans capteur pour variations de $+20\%$ et -20% sur les valeurs des inductances statoriques. Ces résultats illustrent que l'ensemble observateur-commande est très peu sensible à ces variations.

De ces résultats, il apparaît clairement les bonnes performances et la robustesse de la commande par modes glissants d'ordre supérieur quasi-continue.

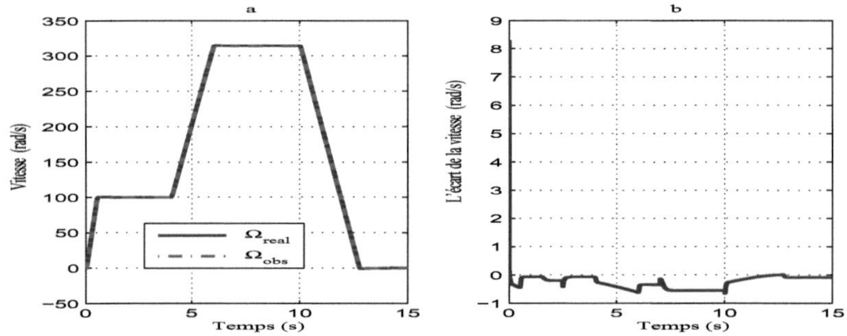

FIGURE 4.20 – Cas nominal. **a.** Vitesse observée & Vitesse réelle **b.** Erreur d'observation.

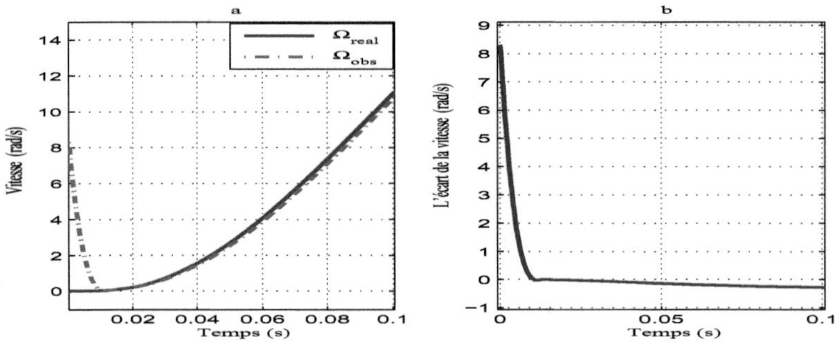

FIGURE 4.21 – Cas nominal. **a.** Vitesse observée & Vitesse réelle **b.** Erreur d'observation.

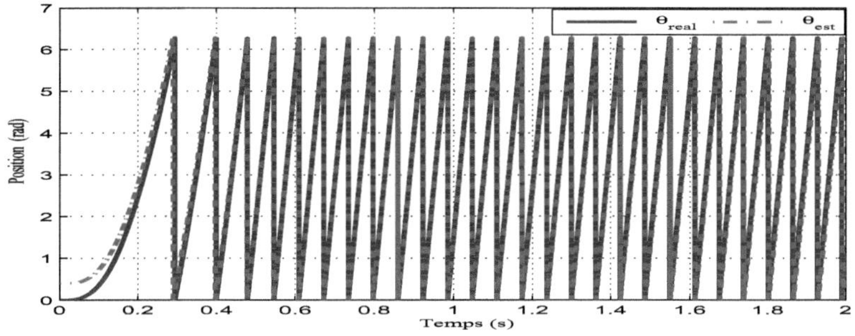

FIGURE 4.22 – Cas nominal. Position observée & Position réelle

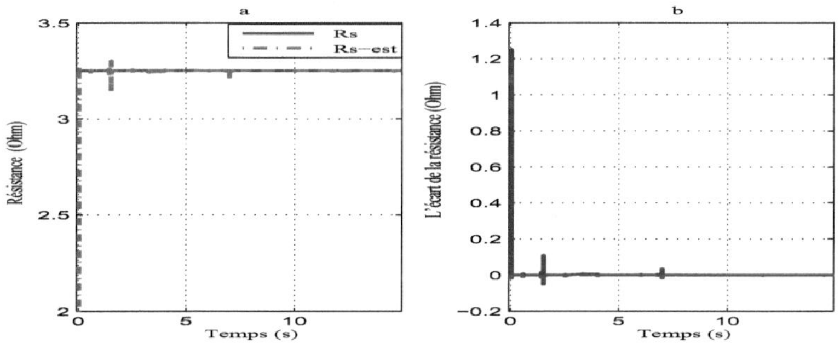

FIGURE 4.23 – Cas nominal. **a.** Résistance estimée & Résistance de la machine **b.** Erreur d'estimation.

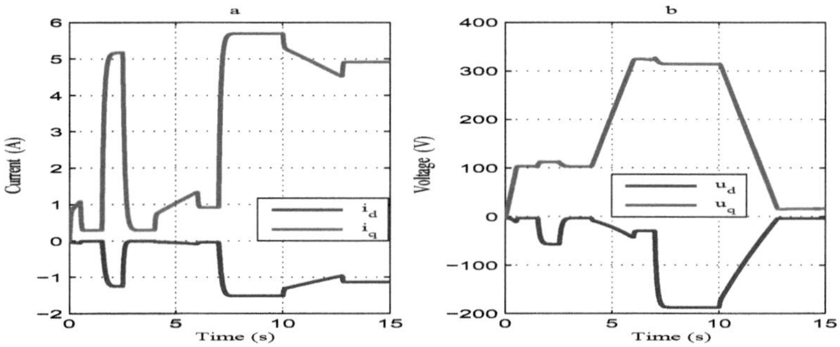

FIGURE 4.24 – Cas nominal, Les tensions et les courants dans le repère lié au stator.

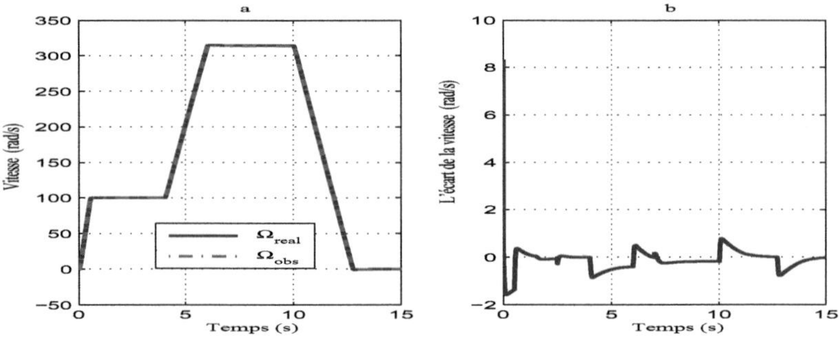

FIGURE 4.25 – + 30% Rs. **a.** Vitesse observée & Vitesse réelle **b.** Erreur d'observation.

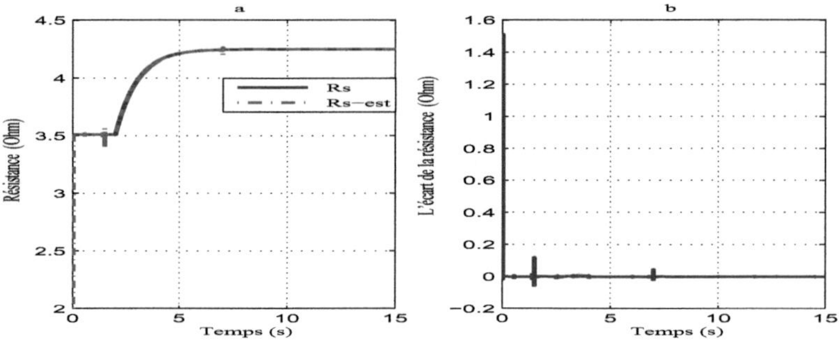

FIGURE 4.26 – + 30% Rs. **a.** Résistance estimée & Résistance de la machine **b.** Erreur d'estimation.

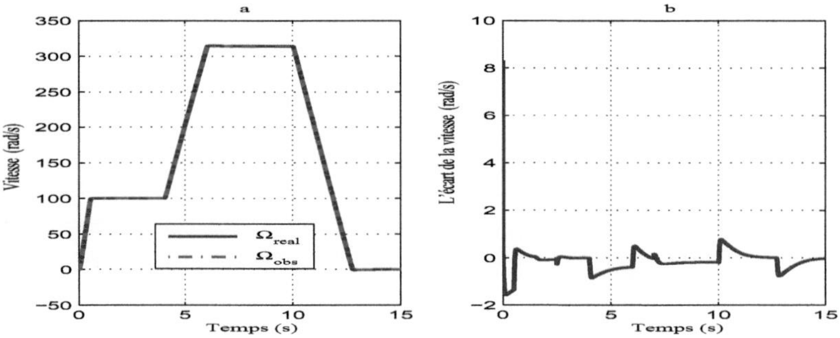

FIGURE 4.27 – - 30% R_s. **a.** Vitesse observée & Vitesse réelle **b.** Erreur d'observation.

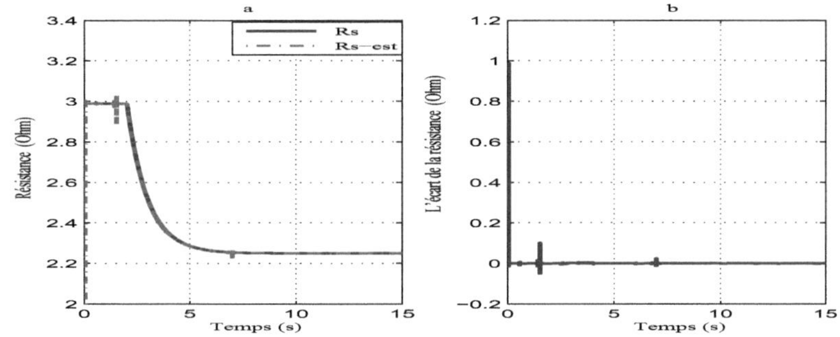

FIGURE 4.28 – - 30% R_s. **a.** Résistance estimée & Résistance de la machine **b.** Erreur d'estimation.

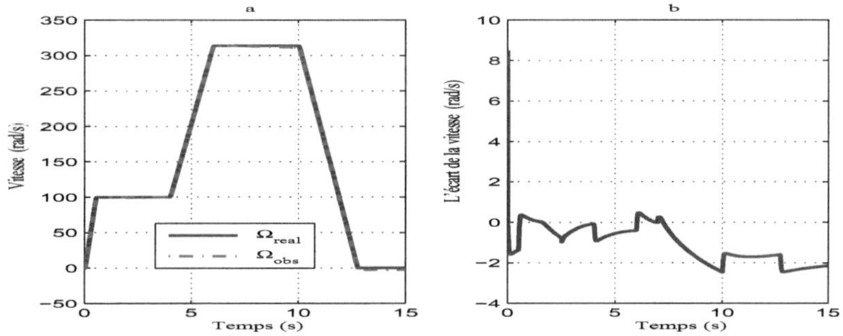

FIGURE 4.29 – + 10% L_d, L_q. **a.** Vitesse observée & Vitesse réelle **b.** Erreur d'observation.

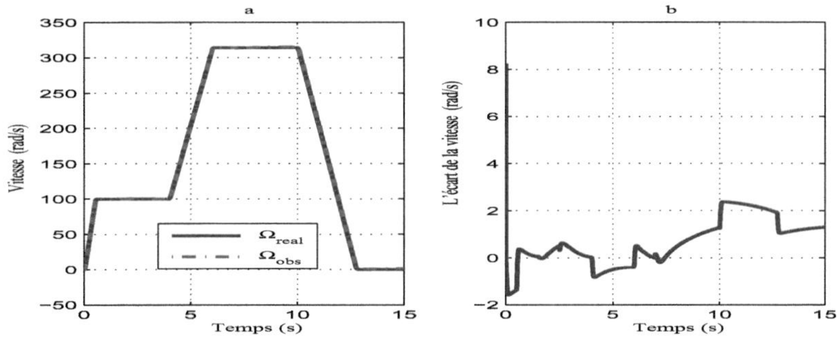

FIGURE 4.30 – - 10% L_d, L_q. **a.** Vitesse observée & Vitesse réelle **b.** Erreur d'observation.

4.6 Comparaison synthétique

Une synthèse des différents résultats donnés dans ce chapitre peut être résumée par le tableau ci-dessous

TABLE 4.3 – Performances globales des lois de commande conçues

	Commande		
	Backstepping	MGOS Nantes	MGOS Homogène
Test expérimental	Oui	Non	Non
$+50\%R_s$	* * **	* * **	* * **
$-50\%R_s$	* * **	* * **	* * **
$+20\%L_d, L_q$	* * * * *	*	* * *
$-20\%L_d, L_q$	* * * * *	*	* * *
Facilité de réglage	* * **	* * *	* * **
Type de convergence	Exponentielle	Temps fini	Temps fini
Temps de calcul	11 μs	26 μs	16 μs

Remarque 23 *Le tableau comparatif précédent est provisoire. Ce tableau sera complété après la finalisation de toutes les expérimentations. Dans ce cas, les lois de commande sans capteur mécanique seront comparées dans les mêmes conditions de tests.*

4.7 Conclusion

Dans le présent chapitre, nous avons présenté des techniques de synthèse de lois de commande non linéaire robuste pour contrôler la machine synchrone à pôles saillants. Nous avons débuté par une présentation succincte de quelques méthodes de commande sans capteur de la machine synchrone parmi celles qui existent dans la littérature. Ensuite, nous avons présenté une technique d'optimisation du couple généré par le moteur, cette technique consiste à exploiter la saillance du moteur en évitant l'asservissement du courant de l'axe d à zéro.

La commande par Backstepping a été modifiée par l'introduction de termes intégraux dans chaque étape pour augmenter sa robustesse. Cette technique est associée à l'observateur adaptatif interconnecté permettant d'estimer la résistance statorique et le couple de charge ce qui rend la commande sans capteur plus robuste. La stabilité du système global (observateur + commande) est prouvée. Les résultats obtenus sont très satisfaisants en termes de suivi de trajectoire et de robustesse.

Ensuite, une commande par modes glissants d'ordre supérieur à trajectoires pré-calculées est présentée. Comme la commande par backstepping, cette technique est associée à l'observateur adaptatif interconnecté. Cette technique a permis de réduire le phénomène de "chattering".

La commande par modes glissants d'ordre supérieur quasi-continue est exploitée dans un contexte multivariable dans la dernière partie de ce chapitre. Cette technique est une combinaison entre la commande par backstepping et la commande par modes glissants. L'algorithme de cette technique est plus facilement implémentable que la commande par modes glissants à trajectoires pré-calculées. La commande quasi-continue est associée à un observateur par modes glissants. La stabilité de l'ensemble commande-observateur est assurée selon le principe de séparation.

Chapitre 5

Conclusions et perspectives

5.1 Conclusions

L'objectif de ces travaux de thèse était de concevoir des lois de commande robuste sans capteur mécanique pour la machine synchrone à pôles saillants. Les grandeurs mécaniques nécessaires pour la commande (vitesse, position,..), sont estimées par des observateurs non linéaires permettant de remplacer les capteurs mécaniques par des "capteurs logiciels" en utilisant exclusivement les mesures des courants statoriques et les tensions de commande. Plusieurs algorithmes contribuant à un contrôle performant de la machine synchrone sans capteur mécanique ont été proposés. Les lois de commande sans capteurs élaborées dans nos travaux ont été testées sur les trajectoires d'un benchmark industriel. Des tests spécifiques sont validés pour évaluer la robustesse des techniques proposées.

Dans un premier temps nous avons présenté brièvement les machines synchrones à aimants permanents ainsi que leurs classifications. La machine à pôles saillants est de plus en plus utilisée car elle présente une solution face au augmentation du coût des terres rares utilisées dans la fabrication des aimants permanents. Les modèles mathématiques de la machine synchrone à pôles saillants ont été présentés dans les repères triphasé $(a-b-c)$, fixe $(\alpha-\beta)$ et tournant lié au rotor $(d-q)$, ce dernier est utilisé pour la synthèse des observateurs et des lois de commande.

Nous avons mené en détail l'étude de l'observabilité de la machine synchrone à pôles saillants. Cette étude nous a permis de conclure que dans le cas où aucune information sur les grandeurs mécaniques (vitesse et/ou position) n'est disponible (commande sans capteur mécanique), l'observation de la vitesse et la position de la machine à pôles saillants est possible même à vitesse nulle. A l'arrêt total (courants et tensions nuls) la machine synchrone à aimants permanents n'est pas observable mais ce cas particulier peut être facilement détecté par les mesures des grandeurs électriques. L'identifiabilité de la résistance et l'observabilité du couple de charge à été aussi étudiée.

Cette étude a montré que ces deux grandeurs sont observables si le courant i_q est différent de zéro. Les résultats de l'étude de l'observabilité de la machine synchrone à pôles saillants sont confirmés à travers des simulations et des expérimentations.

La conception des observateurs non linéaires est parmi les contributions principales de nos travaux. Pour ce faire, nous avons proposé deux techniques de synthèse d'observateurs non linéaires : l'observateur adaptatif interconnecté (Kalman like) et l'observateur par modes glissants d'ordre supérieur (super twisting). Ces observateurs permettent l'estimation des grandeurs mécaniques non mesurables (vitesse et position) afin de remplacer les capteurs mécaniques et du couple de charge, l'estimation de la résistance statorique et de l'inductance statorique (pour la machine à pôles lisses) pour la robustesse des lois de commande sans capteur. Dans un premier temps l'observateur adaptatif interconnecté est élaboré suite au travaux de [61]. Cet observateur est utilisé dans [62] pour la commande sans capteur de la machine synchrone à pôles lisses. Les tests de robustesse vis-à-vis des variations paramétriques ont montré la sensibilité de son observateur devant les variations de l'inductance statorique. Nous avons proposé une nouvelle configuration pour cet observateur afin d'estimer en ligne l'inductance statorique. Cet observateur a été validé expérimentalement [70] sur un benchmark industriel. Les résultats obtenus ont montré la robustesse de cet observateur devant les variations de l'inductance aussi nous soulignons le bon comportement de l'observateur dans la zone inobservable. Ensuite, la même technique (observateur adaptatif interconnecté) a été utilisée pour élaborer un observateur pour la machine synchrone à pôles saillants.

La deuxième technique utilisée pour concevoir un observateur non linéaire pour la machine à pôles saillants est basée sur les modes glissants d'ordre supérieur en utilisant l'algorithme *super twisting*. La technique des observateurs interconnectés a aussi été exploitée pour cet observateur. Un changement de variable est utilisé pour pouvoir formuler les modèles sur lequel l'algorithme *super twisting* peut s'appliquer. La convergence en temps fini est garantie pour cet observateur. Pour cela il peut être utilisé avec toutes les commandes sans nécessité d'une preuve de convergence (selon le principe de séparation, après la convergence de cet observateur, la commande peut s'appliquer normalement).

La synthèse des lois de commande non linéaires sans capteur mécanique de vitesse est largement abordée et constitue la contribution principale de nos travaux. Soulignons que le but de la conception des lois de commande était de mettre en œuvre des techniques de commande robustes, de démontrer la stabilité (dans le cas où l'observateur ne converge pas en temps fini) du système en boucle fermée (Commande +Observateur) et de valider expérimentalement sur le benchmark industriel "Commande sans capteur mécanique". Sur cette base, nous avons proposé trois techniques de commande non linéaires pour contrôler la machine synchrone à pôles saillants sans capteur mécanique.

Une modification est introduite sur la commande par Backstepping classique par l'introduction des actions intégrales dans chaque étape dans son algorithme de conception. Pour observer les grandeurs mécaniques, la commande par backstepping est associée à l'observateur adaptatif interconnecté. Cette technique a été validée expérimentalement et a montré des bonnes performances. Les résultats obtenus avec des tests de robustesse ont montrés les bonnes performances de l'ensemble commande par backstepping et observateur interconnecté. Ensuite, pour profiter des avantages de la commande par modes glissants, nous avons proposé deux techniques basées sur la théorie des commandes par modes glissants. La première est la commande par modes glissants d'ordre supérieur à trajectoires pré-calculées. Cette technique est associée à l'observateur adaptatif. La stabilité de l'ensemble commande+observateur est prouvée. Les résultats de simulation sont très satisfaisants. Cependant, lors d'une variation des valeurs des inductances statoriques les performances de la commande sont dégradées. La commande par modes glissants quasi-continue est utilisée ensuite pour la commande de la machine à pôles saillants. Cette commande a été associée à l'observateur *super twisting*. La stabilité du système en boucle fermée "observateur+commande" est assurée en utilisant le principe de séparation. Dans ce cas la commande quasi-continue peut s'appliquer juste après la convergence (en temps fini) de l'observateur. L'ensemble est testée en simulation sur le benchmark "commande sans capteur mécanique" et a montré des bonnes performances.

5.2 Perspectives

Dans la continuité de nos travaux de recherche, plusieurs points peuvent être développés parmi lesquels on peut citer :

- La validation expérimentale des lois de commande sans capteur est la première priorité parmi nos perspectives sur laquelle nous travaillons actuellement.
- L'amélioration des performances des lois de commande sans capteur, la prise en compte de la non linéarité du convertisseur parmi nos perspectives à court terme.
- Les lois de commande sans capteur mécanique ont montré des bonnes performances. Cependant, la commande par modes glissants à trajectoires prè-calculées est un peu sensible devant les variations des inductances. Pour résoudre ce problème, une analyse de sensibilité de ces paramètres est envisagée ainsi qu'une méthode d'identification en ligne.
- L'identification en ligne de la résistance peut être utilisée pour détecter les courts-circuits. La modification des observateurs est envisagée pour inclure le diagnostic des autres défauts en ligne et contribuer à la conception de commande tolérante aux défauts.

Bibliographie

[1] A. Maalouf, L. Idkhajine, S. Le Ballois, and E. Monmasson. Field programmable gate array-based sensorless control of a brushless synchronous starter generator for aircraft application. *IET Electric Power Applications*, 5 :181–192(11), January 2011.

[2] N. Patel, T. O'Meara, J. Nagashima, and R. Lorenz. Encoderless ipm traction drive for ev/hev's. In *Thirty-Sixth IAS Annual Meeting. Conference Record of the IEEE Industry Applications Conference, 2001.*, volume 3, pages 1703–1707 vol.3, 2001.

[3] R. Masaki, S. Kaneko, M. Hombu, T. Sawada, and S. Yoshihara. Development of a position sensorless control system on an electric vehicle driven by a permanent magnet synchronous motor. In *Power Conversion Conference, 2002. PCC-Osaka 2002. Proceedings of the*, volume 2, pages 571–576 vol.2, 2002.

[4] Todd D Batzel, Daniel P Thivierge, and Kwang Y Lee. Application of sensorless electric drive to unmanned undersea vehicle propulsion. *Proc. 15th IFAC World Congr. Automatic Control, Barcelona, Spain*, 2002.

[5] A. S. Budden, R. Wrobel, D. Holliday, P.H. Mellor, and P. Sangha. Sensorless control of permanent magnet machine drives for aerospace applications. In *International Conference on Power Electronics and Drives Systems, PEDS 2005.*, volume 1, pages 372–377, 2005.

[6] O. Wallmark, Lennart Harnefors, and O. Carlson. Sensorless control of pmsm drives for hybrid electric vehicles. In *Power Electronics Specialists Conference, 2004. PESC 04. 2004 IEEE 35th Annual*, volume 5, pages 4017–4023 Vol.5, 2004.

[7] Bon-Ho Bae, Seung-Ki Sul, Jeong-Hyeck Kwon, and Ji-Seob Byeon. Implementation of sensorless vector control for super-high-speed pmsm of turbo-compressor. *IEEE Transactions on Industry Applications*, 39(3) :811–818, 2003.

[8] M.C. Paicu, I. Boldea, G.D. Andreescu, and F. Blaabjerg. Very low speed performance of active flux based sensorless control : interior permanent magnet synchronous motor vector control versus direct torque and flux control. *IET Electric Power Applications*, 3(6) :551 –561, novembre 2009.

[9] F. Genduso, R. Miceli, C. Rando, and G.R. Galluzzo. Back emf sensorless-control algorithm for high-dynamic performance pmsm. *IEEE Transactions on Industrial Electronics*, 57(6) :2092 -2100, june 2010.

[10] M. Tomita, M. Hasegawa, and K. Matsui. A design method of full-order extended electromotive force observer for sensorless control of ipmsm. In *11th IEEE International Workshop on Advanced Motion Control*, pages 206–209, 2010., march 2010.

[11] M. Boussak. Implementation and experimental investigation of sensorless speed control with initial rotor position estimation for interior permanent magnet synchronous motor drive. *IEEE Transactions on Power Electronics*, 20(6) :1413–1422, november 2005.

[12] Tze-Fun Chan, P. Borsje, and Weimin Wang. Application of unscented kalman filter to sensorless permanent-magnet synchronous motor drive. In *IEEE International Electric Machines and Drives Conference, 2009. IEMDC '09.*, pages 631 -638, may 2009.

[13] Jinsong Kang, Bo Hu, Haiwei Liu, and Guoqin Xu. Sensorless control of permanent magnet synchronous motor based on extended kalman filter. In *IITA International Conference on Services Science, Management and Engineering, 2009. SSME '09*, pages 567 –570, july 2009.

[14] H.J.N. Ndjana and P. Lautier. Sensorless vector control of an ipmsm using unscented kalman filtering. In *IEEE International Symposium on Industrial Electronics*, volume 3, pages 2242 –2247, july 2006.

[15] Zhengfang Zhang and Jianghua Feng. Sensorless control of salient pmsm with ekf of speed and rotor position. In *International Conference on Electrical Machines and Systems, ICEMS*, pages 1625 -1628, october 2008.

[16] A. Titaouinen, F. Benchabane, O. Bennis, K. Yahia, and D. Taibi. Application of ac/dc/ac converter for sensorless nonlinear control of permanent magnet synchronous motor. In *IEEE International Conference on Systems Man and Cybernetics (SMC)*, pages 2282 -2287, october 2010.

[17] V. Smidl and Z. Peroutka. Advantages of square-root extended kalman filter for sensorless control of ac drives. *IEEE Transactions on Industrial Electronics*, 59(11) :4189 -4196, november 2012.

[18] E.G. Shehata. Speed sensorless torque control of an ipmsm drive with online stator resistance estimation using reduced order ekf. *International Journal of Electrical Power & Energy Systems*, 47(0) :378 - 386, 2013.

[19] G. Foo and M.F. Rahman. Sensorless sliding-mode mtpa control of an ipm synchronous motor drive using a sliding-mode observer and hf signal injection. *IEEE Transactions on Industrial Electronics*, 57(4) :1270–1278, april 2010.

[20] Lu Wenqi, Hu Yuwen, Huang Wenxin, Chu Jianbo, Du Xuyang, and Yang Jianfei. Sensorless control of permanent magnet synchronous machine based on a novel sliding mode observer. In *IEEE Vehicle Power and Propulsion Conference, VPPC '08*, pages 1 -4, september 2008.

[21] G.H.B. Foo and M.F. Rahman. Direct torque control of an ipm-synchronous motor drive at very low speed using a sliding-mode stator flux observer. *IEEE Transactions on Power Electronics*, 25(4) :933 -942, april 2010.

[22] Ying-Shieh Kung, Chung-Chun Huang, and Liang-Chiao Huang. Fpga-realization of a sensorless speed control ic for ipmsm drive. In *IECON 2010 - 36th Annual Conference on IEEE Industrial Electronics Society*, pages 1721 -1725, november 2010.

[23] S. Sayeef, G. Foo, and M.F. Rahman. Rotor position and speed estimation of a variable structure direct-torque-controlled ipm synchronous motor drive at very low speeds including standstill. *IEEE Transactions on Industrial Electronics*, 57(11) :3715–3723, november 2010.

[24] Sanath Alahakoon, Tyrone Fernando, Hieu Trinh, and Victor Sreeram. Unknown input sliding mode functional observers with application to sensorless control of permanent magnet synchronous machines. *Journal of the Franklin Institute*, 350(1) :107 - 128, 2013.

[25] P. Vaclavek and P. Blaha. Pmsm position estimation algorithm design based on the estimate stability analysis. In *International Conference on Electrical Machines and Systems, ICEMS 2009*, pages 1 -5, november 2009.

[26] N. Henwood, J. Malaize, and L. Praly. A robust nonlinear luenberger observer for the sensorless control of sm-pmsm : Rotor position and magnets flux estimation. In *IECON 2012 - 38th Annual Conference on IEEE Industrial Electronics Society*, pages 1625 -1630, oct. 2012.

[27] Amor Khlaief, Mohamed Boussak, and Moncef Gossa. Model reference adaptive system based adaptive speed estimation for sensorless vector control with initial rotor position estimation for interior permanent magnet synchronous motor drive. *Electric Power Components and Systems*, 41(1) :47–74, 2013.

[28] Junggi Lee, Jinseok Hong, Kwanghee Nam, R. Ortega, L. Praly, and A. Astolfi. Sensorless control of surface-mount permanent-magnet synchronous motors based on a nonlinear observer. *IEEE Transactions on Power Electronics*, 25(2) :290 -297, feb. 2010.

[29] J. Stumper, D. Paulus, and R. Kennel. A nonlinear estimator for dynamical and robust sensorless control of permanent magnet synchronous machines. In *50th IEEE Conference on Decision and Control and European Control Conference (CDC-ECC), 2011*, pages 922 -927, dec. 2011.

[30] A. Khlaief, M. Bendjedia, M. Boussak, and M. Gossa. A nonlinear observer for high-performance sensorless speed control of ipmsm drive. *IEEE Transactions on Power Electronics*, 27(6) :3028 -3040, june 2012.

[31] Wonhee Kim, Donghoon Shin, and Chung Choo Chung. The lyapunov-based controller with a passive nonlinear observer to improve position tracking performance of microstepping in permanent magnet stepper motors. *Automatica*, 48(12) :3064 – 3074, 2012.

[32] S. Po-ngam and S. Sangwongwanich. Stability and dynamic performance improvement of adaptive full-order observers for sensorless pmsm drive. *IEEE Transactions on Power Electronics*, 27(2) :588 –600, feb. 2012.

[33] D. Traoré, J. De Leon, A. Glumineau, and L. loron. Adaptive interconnected observer for sensorless induction motor. *International Journal of Control*, 82 :1627–2009, 2009.

[34] M.A. Hamida, A. Glumineau, and J. De Leon. Observateur adaptatif interconnecté pour la commande sans capteur de la msapps. In *CIFA 2012, Grenoble, France, 4-6 juillet*, 2012.

[35] Sung-Yeol Kim and In-Joong Ha. A new observer design method for hf signal injection sensorless control of ipmsms. *IEEE Transactions on Industrial Electronics*, 55(6) :2525 – 2529, june 2008.

[36] G.-D. Andreescu, C.I. Pitic, F. Blaabjerg, and I. Boldea. Combined flux observer with signal injection enhancement for wide speed range sensorless direct torque control of ipmsm drives. *IEEE Transactions on Energy Conversion*, 23(2) :393–402, june 2008.

[37] F.M.L. De Belie, P. Sergeant, and J.A. Melkebeek. A sensorless drive by applying test pulses without affecting the average-current samples. *IEEE Transactions on Power Electronics*, 25(4) :875 –888, april 2010.

[38] F. Poltschak and W. Amrhein. Fitness of saturated permanent magnet synchronous machines for sensorless control. In *International Symposium on Power Electronics Electrical Drives Automation and Motion (SPEEDAM*, pages 1490 –1495, june 2010.

[39] Al Kassem Jebai. *Commande sans capteur des moteurs synchrones à aimants permanents par injection de signaux.* These, Ecole Nationale Supérieure des Mines de Paris, March 2013.

[40] S. Ogasawara and H. Akagi. Implementation and position control performance of a position-sensorless ipm motor drive system based on magnetic saliency. *IEEE Transactions on Industry Applications*, 34(4) :806 –812, july-august 1998.

[41] N. Imai, S. Morimoto, M. Sanada, and Y. Takeda. Influence of magnetic saturation on sensorless control for interior permanent-magnet synchronous motors with concentrated windings. *IEEE Transactions on Industry Applications*, 42(5) :1193 –1200, september-october 2006.

[42] P. Sergeant, F. De Belie, and J. Melkebeek. Rotor geometry design of interior pmsms with and without flux barriers for more accurate sensorless control. *IEEE Transactions on Industrial Electronics*, 59(6) :245–2465, june 2012.

[43] R. Morales-Caporal, E. Bonilla-Huerta, M. Arjona, and C. Hernandez. Sensorless predictive dtc of a surface-mounted permanent magnet synchronous machine based on its magnetic anisotropy. *IEEE Transactions on Industrial Electronics,*, PP(99) :1, 2012.

[44] H.M.D. Habbi and Huang Surong. Sensorless control approach based adaptive fuzzy logic controller for ipmsm drive with an on-line stator resistance estimation. In *Pacific-Asia Conference on Knowledge Engineering and Software Engineering, 2009. KESE '09*, pages 220 –223, december 2009.

[45] Jiangtao Wang and Haiqin Liu. Novel intelligent sensorless control of permanent magnet synchronous motor drive. In *9th International Conference on Electronic Measurement Instruments, 2009. ICEMI '09.*, pages 2–953 –2–958, aug. 2009.

[46] A. Accetta, M. Cirrincione, and M. Pucci. Tls exin based neural sensorless control of a high dynamic pmsm. *Control Engineering Practice*, 20(7) :725 – 732, 2012.

[47] Sam-Young Kim, Chinchul Choi, Kyeongjin Lee, and Wootaik Lee. An improved rotor position estimation with vector-tracking observer in pmsm drives with low-resolution hall-effect sensors. *IEEE Transactions on Industrial Electronics*, 58(9) :4078–4086, september 2011.

[48] G. Foo and M.F. Rahman. Direct torque and flux controlled ipm synchronous motor drive using a hybrid signal injection and adaptive sliding mode observer. In *TENCON 2009 - 2009 IEEE Region 10 Conference*, pages 1 –7, january 2009.

[49] Yigeng Huangfu, S. Laghrouche, Weiguo Liu, and A. Miraoui. A chattering avoidance sliding mode control for pmsm drive. In *Control and Automation (ICCA), 2010 8th IEEE International Conference on*, pages 2082 –2085, june 2010.

[50] M. Ezzat, J. de Leon, N. Gonzalez, and A. Glumineau. Observer-controller scheme using high order sliding mode techniques for sensorless speed control of permanent magnet synchronous motor. In *IEEE Conference on Decision and Control (CDC), 2010 49th*, pages 4012 –4017, december 2010.

[51] Huang Peng, Huang Lei, and Miao Chang yun. Sensorless adaptive backstepping control of an ipmsm drive using extended-emf method. In *2nd International Conference on Industrial and Information Systems (IIS)*, volume 2, pages 499 –502, july 2010.

[52] M.A. Rahman, D.M. Vilathgamuwa, M.N. Uddin, and King-Jet Tseng. Nonlinear control of interior permanent-magnet synchronous motor. *IEEE Transactions on Industry Applications*, volume 39 :408–416, march-april 2003.

[53] D. Traoré, J. De Leon, and A. Glumineau. Adaptive interconnected observer-based backstepping control design for sensorless induction motor. *Automatica*, 48(4) :682 – 687, 2012.

[54] Murat Karabacak and H. Ibrahim Eskikurt. Speed and current regulation of a permanent magnet synchronous motor via nonlinear and adaptive backstepping control. *Mathematical and Computer Modelling*, 53(9Ũ10) :2015 – 2030, 2011.

[55] Y. Inoue, S. Morimoto, and M. Sanada. Examination and linearization of torque control system for direct torque controlled ipmsm. *IEEE Transactions on Industry Applications*, 46(1) :159 –166, january-february 2010.

[56] C.-K. Lin, T.-H. Liu, and S.-H. Yang. Nonlinear position controller design with input-output linearisation technique for an interior permanent magnet synchronous motor control system. *IET Power Electronics*, 1(1) :14 -26, march 2008.

[57] N. Golea, A. Golea, and M. Kadjoudj. Robust mrac adaptive control of pmsm drive under general parameters uncertainties. In *IEEE International Conference on Industrial Technology, ICIT 2006*, pages 1533 -1537, december 2006.

[58] M. Oussaid, M. Cherkaoui, and M. Maaroufi. Improved nonlinear velocity tracking control for synchronous motor drive using backstepping design strategy. In *IEEE Power Tech Conf, St. Petersburg, Russia 2005*, 2005.

[59] M.C. Chou, C.M. Liaw, S.B. Chien, F.H. Shieh, J.R. Tsai, and H.C. Chang. Robust current and torque controls for pmsm driven satellite reaction wheel. *IEEE Transactions on Aerospace and Electronic Systems*, 47(1) :58–74, january 2011.

[60] A. Glumineau, M. Ghanes, D. Diallo, and M. Hilairet. www2.irccyn.ec-nantes.fr/cse/. *CSE*, 2010.

[61] M. Ezzat. *Commande Non Linéaire Sans Capteur de la Machine Synchrone à Aimants Permanents.* PhD thesis, Ecole Centrale de Nantes, Mai 2011.

[62] Marwa Ezzat, Jesus de Leon, and Alain Glumineau. Sensorless speed control of pmsm via adaptive interconnected observer. *International Journal of Control*, 84(11) :1926–1943, 2011.

[63] Z.Q. Zhu and D. Howe. Electrical machines and drives for electric, hybrid, and fuel cell vehicles. *Proc. IEEE*, 95(11) :746–765, april 2007.

[64] LI Guang-Jin. *Contribution à la Conception des Machines Electriques à Rotor Passif pour des Applications Critiques : Modélisations Electromagnétiques et Thermiques sur Cycle de Fonctionnement, Etude du Fonctionnement en Mode Dégradé.* PhD thesis, Ecole Normale Suprérieure De Cachan, 2011.

[65] B.K. Bose. A high-performance inverter-fed drive system of an interior permanent magnet synchronous machine. *IEEE Transactions on Industry Applications*, 24(6) :987 – 997, nov/dec 1988.

[66] P. Pillay and R. Krishnan. Modeling, simulation, and analysis of permanent-magnet motor drives. ii. the brushless dc motor drive. *IEEE Transactions on Industry Applications*, 25(2) :274–279, march-april 1989.

[67] H. Bouzekri. *Contribution à la commande des machines synchrones à aimants permanents.* PhD thesis, INPL, Nancy, juin, 1995.

[68] D. Zaltni, M. Ghanes, J-P. Barbot, and A. Naceur. Synchronous motor observability study and an improved zero-speed position estimation design. In *IEEE Conference on Decision and Control (CDC), 2010 49th*, pages 4012 -4017, december 2010.

[69] P. Vaclavek, P. Blaha, and I. Herman. Ac drives observability analysis. *IEEE Transactions on Industrial Electronics*, PP(99) :1, 2012.

[70] M-A. Hamida, J. De Leon, A. Glumineau, and R. Boisliveau. An adaptive interconnected observer for sensorless control of pm synchronous motors with online parameter identification. *IEEE Transactions on Industrial Electronics*, 60(2) :739 –748, feb. 2013.

[71] R. Hermann and A. Krener. Nonlinear controllability and observability. *IEEE Transactions on Automatic Control*, 22(5) :728 – 740, october 1977.

[72] D. Zaltni and M. Ghanes. Observability analysis and improved zero-speed position observer design of synchronous motor with experimental results. *Asian Journal of Control*, 15(4) :957–970, 2013.

[73] A. Glumineau and R. Boisliveau. www2.irccyn.ec-nantes.fr/bancessai/. *IRCCyN*, 2010.

[74] D.G. Luenberger. An introduction to observers. *IEEE Transactions on Automatic Control*, 16(6) :596Ű602, february 1972.

[75] Gildas Besançon. *Nonlinear Observers and Applications.* Springer, 2007.

[76] Hong-Gi Lee and Jin-Man Hong. Discrete-time observer error linearizability via restricted dynamic systems. *IEEE Transactions on Automatic Control*, 57(6) :1543 –1547, june 2012.

[77] D. Traore, F. Plestan, A. Glumineau, and J. de Leon. Sensorless induction motor : High-order sliding-mode controller and adaptive interconnected observer. *IEEE Transactions on Industrial Electronics*, 55(11) :3818–3827, november 2008.

[78] V. Lebastard, Y. Aoustin, and F. Plestan. Estimation of absolute orientation for a bipedal robot : Experimental results. *IEEE Transactions on Robotics*, 27(1) :170 –174, feb. 2011.

[79] D. Basic, F. Malrait, and P. Rouchon. Current controller for low-frequency signal injection and rotor flux position tracking at low speeds. *IEEE Transactions on Industrial Electronics*, 58 :4010–4022, 2011.

[80] A. Accetta, M. Cirrincione, M. Pucci, and G. Vitale. Sensorless control of pmsm fractional horsepower drives by signal injection and neural adaptive-band filtering. *IEEE Transactions on Industrial Electronics*, 59(3) :1355–1366, march 2012.

[81] S. Shinnaka. A new characteristics-variable two-input/output filter in d-module-designs, realizations, and equivalence. *IEEE Transactions on Industry Applications*, 38(5) :1290 – 1296, sepember-october 2002.

[82] J. Holtz. Sensorless control of induction machines-with or without signal injection? *IEEE Transactions on Industrial Electronics*, 53(1) :7 – 30, february 2005.

[83] A. Arias, D. Saltiveri, C. Caruana, J. Pou, J. Gago, and D. Gonzalez. Position estimation with voltage pulse test signals for permanent magnet synchronous machines using matrix converters. In *Compatibility in Power Electronics, 2007. CPE '07*, 2007.

[84] P. Thiemann, C. Mantala, T. Mueller, R. Strothmann, and E. Zhou. Sensorless control for buried magnet pmsm based on direct flux control and fuzzy logic. In *Diagnostics for Electric Machines, Power Electronics Drives (SDEMPED), 2011 IEEE International Symposium on*, pages 405 –412, sept. 2011.

[85] G. Wang, R. Yang, and D. Xu. Dsp-based control of sensorless ipmsm drives for wide-speed-range operation. *Industrial Electronics, IEEE Transactions on*, 60(2) :720 –727, february 2013.

[86] Zhiqian Chen, M. Tomita, S. Doki, and S. Okuma. An extended electromotive force model for sensorless control of interior permanent-magnet synchronous motors. *Industrial Electronics, IEEE Transactions on*, 50(2) :288 – 295, april 2003.

[87] S. Morimoto, K. Kawamoto, M. Sanada, and Y. Takeda. Sensorless control strategy for salient-pole pmsm based on extended emf in rotating reference frame. *IEEE Transactions on Industry Applications*, 38(4) :1054 – 1061, july-august 2002.

[88] D.G. Luenberger. Observing the state of a linear system. *IEEE Transactions on Mil. Electron*, 6(2) :74Ũ80, february 1964.

[89] M.B.B. Sharifian, N. Rostami, and H. Hatami. Sensorless control of im based on full-order luenberger observer. In *IEEE IPEC 2010*, 2010.

[90] Yuchao Shi, Kai Sun, Lipei Huang, and Yongdong Li. Online identification of permanent magnet flux based on extended kalman filter for ipmsm drive with position sensorless control. *IEEE Transactions on Industrial Electronics*, 59(11) :4169 –4178, nov. 2012.

[91] M. Ghanes. *Observation et Commande de la Machine Asynchrone sans Capteur Mécanique*. PhD thesis, Ecole Centrale de Nantes, Novembre 2005.

[92] S. Carriere. *Synthèse croisée de régulateurs et d'observateurs pour le contrôle robuste de la machine synchrone*. PhD thesis, Université de Toulouse, Juin 2010.

[93] Rudolph E Kalman and Richard S Bucy. New results in linear filtering and prediction theory. *Journal of Basic Engineering*, 83(3) :95–108, 1961.

[94] G. Shan-Mao, H. Feng-You, and Z. Hui. Study on extend kalman filter at low speed in sensorless pmsm drives. In *IEEE International Conference on Electronic Computer Technology*, 2009.

[95] Mickael Hilairet, François Auger, and Eric Berthelot. Speed and rotor flux estimation of induction machines using a two-stage extended kalman filter. *Automatica*, 45(8) :1819 – 1827, 2009.

[96] A. Akrad, M. Hilairet, and D. Diallo. A sensorless pmsm drive using a two stage extended kalman estimator. In *IECON 2008*, 2008.

[97] M. Ezzat, J. De Leon, N. Gonzalez, and A. Glumineau. Sensorless speed control of permanent magnet synchronous motor by using sliding mode observer. In *11th International Workshop on Variable Structure Systems (VSS)*, pages 227–232, 2010.

[98] M. Ezzat, A. Glumineau, and F. Plestan. Sensorless speed control of a permanent magnet synchronous motor : high order sliding mode controller and sliding observer. In *NOLCOS, Bologne, Italy, 1-3 september*, 2010.

[99] Hongryel Kim, Jubum Son, and Jangmyung Lee. A high-speed sliding-mode observer for the sensorless speed control of a pmsm. *IEEE Transactions on Industrial Electronics*, 58(9) :4069–4077, september 2011.

[100] Z. Qiao, T. Shi, Y. Wang, Y. Yan, C. Xia, and X. He. New sliding-mode observer for position sensorless control of permanent-magnet synchronous motor. *Industrial Electronics, IEEE Transactions on*, 60(2) :710 –719, february 2013.

[101] G. Wang, Z. Li, G. Zhang, Y. Yu, and D. Xu. Quadrature pll-based high-order sliding-mode observer for ipmsm sensorless control with online mtpa control strategy. *IEEE Transactions on Energy Conversion*, PP(99) :1 –11, 2012.

[102] M.A. Hamida, A. Glumineau, and J. De Leon. High order sliding mode observer and optimum integral backstepping control for sensorless ipmsm drive. In *IEEE American Control Conference, ACC 2013, Washington, USA, June 17-19*, 2013.

[103] Kan Liu, Qiao Zhang, Jintao Chen, Z.Q. Zhu, and Jing Zhang. Online multiparameter estimation of nonsalient-pole pm synchronous machines with temperature variation tracking. *IEEE Transactions on Industrial Electronics*, 58(5) :1776–1788, may 2011.

[104] B. Nahid-Mobarakeh, F. Meibody-Tabar, and F.-M. Sargos. Mechanical sensorless control of pmsm with online estimation of stator resistance. *IEEE Transactions on Industry Applications*, 40(2) :457–471, march-april 2004.

[105] S.J. Underwood and I. Husain. Online parameter estimation and adaptive control of permanent-magnet synchronous machines. *IEEE Transactions on Industrial Electronics*, 57(7) :2435–2443, july 2010.

[106] M.A. Hamida, A. Glumineau, and J. De Leon. Robust integral backstepping control for sensorless ipm synchronous motor controller. *Journal of The Franklin Institute*, 2 :176–192, 2012.

[107] S. Morimoto, M. Sanada, and Y. Takeda. Mechanical sensorless drives of ipmsm with online parameter identification. *IEEE Transactions on Industry Applications*, 42(5) :1241–1248, sept.-oct. 2006.

[108] M.A. Arjona, M. Cisneros-Gonzà andlez, and C. Hernà andndez. Parameter estimation of a synchronous generator using a sine cardinal perturbation and mixed stochasticŨdeterministic algorithms. *IEEE Transactions on Industrial Electronics*, 58(2) :486–493, feb. 2011.

[109] T. Noguchi, K. Yamada, S. Kondo, and I. Takahashi. Initial rotor position estimation method of sensorless pm synchronous motor with no sensitivity to armature resistance. *IEEE Transactions on Industrial Electronics*, 45(1) :118–125, 1998.

[110] A.B. Kulkarni and M. Ehsani. A novel position sensor elimination technique for the interior permanent-magnet synchronous motor drive. *IEEE Transactions on Industry Applications*, 28(1) :144–150, 1992.

[111] Ji-Hoon Jang, Seung-Ki Sul, Jung-Ik Ha, K. Ide, and M. Sawamura. Sensorless drive of surface-mounted permanent-magnet motor by high-frequency signal injection based on magnetic saliency. *IEEE Transactions on Industry Applications*, 39(4) :1031–1039, 2003.

[112] L. Torres, G. Besancon, and D. Georges. Ekf-like observer with stability for a class of nonlinear systems. *Automatic Control, IEEE Transactions on*, 57(6) :1570 –1574, june 2012.

[113] J. Davila, L. Fridman, and A. Levant. Second-order sliding-mode observer for mechanical systems. *IEEE transactions on Automatic Control*, 50 :1785–1789, 2005.

[114] M.A. Hamida, M. Ezzat, A. Glumineau, J. De Leon, and R. Boisliveau. Commande par backstepping avec action intégrale pour la msap : Tests expérimentaux. In *CIFA 2012, Grenoble, France, 4-6 juillet*, 2012.

[115] M.A. Hamida, A. Glumineau, and J. De Leon. Optimum torque sensorless hosm controller for ipmsm via adaptive interconnected observer. In *IFAC PPPSC 2012, Toulouse, France, 2-5 septembre*, 2012.

[116] Mohamed Assaad Hamida, Alain Glumineau, and Jesus de Leon. High performance quasi-continous hosm controller for sensorless ipmsm based on adaptive interconnected observer. In *2012 IEEE 51st Annual Conference on Decision and Control (CDC)*, pages 7107 –7112, dec. 2012.

[117] S. Lakshmikantham, V. Leela and A.A. Martynyuk. *Practical stability of nonlinear systems.* World scientific publishing, 1990.

[118] G. Besançon, J D. Leon, and O. Huerta. On adaptive observers for state affine systems. *International journal of control*, 79 :581–591, 2006.

[119] G. Besançon and H. Hammouri. Observer synthesis for class of nonlinear control systems. *European Journal of Control*, 2 :176–192, 1996.

[120] Q. Zhang. Adaptive observer for multiple-input-multiple-output (mimo) linear time-varying systems. *IEEE Transactions on Automatic Control*, 47(3) :525–529, march 2002.

[121] G. Besançon and H. Hammouri. On observer design for interconnected systems. *Journal of Mathematical Systems, Estimation and Control*, 8 :1–25, 1998.

[122] Mohamed Assaad Hamida, Alain Glumineau, and Jesus de Leon. High order sliding mode controller and observer for sensorless ipm sycnronous motor. In *The 4th IEEE POWERENG conference, Istanbul, Turky 13-17 may*, pages 7107 –7112, may. 2013.

[123] A. F. Filippov. *Differential Equations with Discontinuous Right-Hand Sides.* Dortrecht, The Netherlands : Kluwer, 1998.

[124] M. Kadjoudj. *Contribution à la commande d'une MSAP.* PhD thesis, Université de Batna, 2003.

[125] R. Errouissi. *Contribution à la commande prédictive non linéaire d'une machine synchrone à aimants permanents.* PhD thesis, Université du Québec à Chicoutimi, 2010.

[126] S. Rajaram, S.K. Panda, and Lock Kai Sang. Performance comparison of feedback linearised controller with pi controller for pmsm speed regulation. In *Proceedings of the 1996 International Conference on Power Electronics, Drives and Energy Systems for Industrial Growth,* volume 1, pages 353–359 vol.1, 1996.

[127] Guchuan Zhu, L-A Dessaint, O. Akhrif, and A. Kaddouri. Speed tracking control of a permanent-magnet synchronous motor with state and load torque observer. *IEEE Transactions on Industrial Electronics,* 47(2) :346–355, 2000.

[128] Huixian Liu and Shihua Li. Speed control for pmsm servo system using predictive functional control and extended state observer. *IEEE Transactions on Industrial Electronics,* 59(2) :1171–1183, 2012.

[129] J. Zhou and Y. Wang. Adaptive backstepping speed controller design for a permanent magnet synchronous motor. *IEE Proceedings -Electric Power Applications,* 149(2) :165–172, 2002.

[130] Ioannis Kanellakopoulos, Petar V Kokotovic, and A Stephen Morse. Systematic design of adaptive controllers for feedback linearizable systems. *IEEE Transactions on Automatic Control,* 36(11) :1241–1253, 1991.

[131] A. Benaskeur. *Aspects de l'application du backstepping adaptatif à la commande décentralisée des systèmes non linéaires.* PhD thesis, Université Laval, 2000.

[132] J.-L. Shi, T.-H. Liu, and S.-H. Yang. Nonlinear-controller design for an interior-permanent-magnet synchronous motor including field-weakening operation. *IET Electric Power Applications,* 1(1) :119 –126, january 2007.

[133] Ching-Tsai Pan and S.-M. Sue. A linear maximum torque per ampere control for ipmsm drives over full-speed range. *IEEE Transactions on Energy Conversion,* 20(2) :359 – 366, june 2005.

[134] V. Utkin. Variable structure systems with sliding modes. *IEEE Transactions on Automatic Control,* 22(2) :212 – 222, april 1977.

[135] Xiaoguang Zhang, Lizhi Sun, Ke Zhao, and Li Sun. Nonlinear speed control for pmsm system using sliding-mode control and disturbance compensation techniques. *IEEE Transactions on Power Electronics,* 28(3) :1358–1365, 2013.

[136] Tomy Sebastiangordon and Gordon R. Slemon. Operating limits of inverter-driven permanent magnet motor drives. *IEEE Transactions on Industry Applications*, IA-23(2) :327 –333, march 1987.

[137] B. Lepioufle. *Comparaison de stratégies pour la commande numérique de servomoteurs synchrones algorithmes linéaires et non linéaires robustesse implantation.* PhD thesis, Université de Paris-Sud, Mars 1991.

[138] M. Nasir Uddin and M. Azizur Rahman. High-speed control of ipmsm drives using improved fuzzy logic algorithms. *IEEE Transactions on Industrial Electronics*, volume 54 :190–199, february 2007.

[139] Jean-Jacques E. Slotine. Sliding controller design for non-linear systems. *International Journal of Control*, 40(2) :421–434, 1984.

[140] J. A. Burton and A. S. I. Zinober. Continuous approximation of variable structure control. *International Journal of Systems Science*, 17(6) :875–885, 1986.

[141] S.V. Emel'yanove, S.V. Korovin, and L.V. Levantovsky. Higher order sliding modes in the binary control system. *Soviet Physics*, 31(4) :291 –293, 1986.

[142] A. Levant. Sliding order and sliding accuracy in sliding mode control. *International Journal of Control*, 58(6) :1247–1263, 1993.

[143] G. Bartolini, A. Ferrara, and E. Usani. Chattering avoidance by second-order sliding mode control. *IEEE Transactions on Automatic Control*, 43(2) :241–246, 1998.

[144] Salah Laghrouche, Franck Plestan, and Alain Glumineau. Higher order sliding mode control based on integral sliding mode. *Automatica*, 43(3) :531 – 537, 2007.

[145] F. Plestan, A. Glumineau, and S. Laghrouche. A new algorithm for high order sliding mode control. *International Journal of Robust and Nonlinear Control*, 18 :531–537, 2008.

[146] V. Utkin and Jingxin Shi. Integral sliding mode in systems operating under uncertainty conditions. In *Decision and Control, 1996., Proceedings of the 35th IEEE Conference on*, volume 4, pages 4591–4596 vol.4, 1996.

[147] Dramane Traoré. *Commande non linéaire sans capteur de la machine asynchrone.* PhD thesis, Ecole centrale de Nantes, 2008.

[148] R. Sanchis and H. Nijmeijer. Sliding controller-sliding observer design for non-linear systems. *European Journal of Control*, 4 :208–234, 1998.

[149] Arie Levant. Homogeneity approach to high-order sliding mode design. *Automatica*, 41(5) :823 – 830, 2005.

[150] A. Levant. Quasi-continuous high-order sliding-mode controllers. *IEEE Transactions on Automatic Control*, 50(11) :1812 – 1816, november 2005.

[151] E. Estrada and L. Fridman. Quasi-continuous hosm control for systems with unmatched perturbations. *Automatica*, 46 :1916–1919, 2010.

[152] T. Floquet and J.P Barbot. Super twisting algorithm based step-by-step sliding mode observers for nonlinear systems with unknown inputs. *International Journal of System Science*, 38 :803–815, 2007.

FSC
www.fsc.org
MIX
Papier aus verantwortungsvollen Quellen
Paper from responsible sources
FSC® C105338

Printed by Books on Demand GmbH, Norderstedt / Germany